50 petites expériences de sciences magiques

Richard Robinson

Traduit de l'anglais par
Julien Ramonet

DUNOD

L'édition originale de cet ouvrage a été publiée en 1999
par Oxford University Press sous le titre : *Science magic*.

This translation of *Science magic*, originally published in English in 1999
by Oxford University Press, is published by arrangement
with Oxford University Press.

Illustrations de Alan Rowe

Illustration de couverture : Cécile Puech
Maquette de couverture : Jean-Christophe Courte

ISBN 978-2-10-051594-3

Table des matières

Je dédie ce livre à mes deux foyers : tout d'abord celui dans lequel j'ai grandi, où Maman, Papa, Anne, John et Philip éblouissaient leurs enfants crédules avec des tours comme ceux présentés ici. Et au foyer que j'ai aujourd'hui, au sein duquel Morgan et Georgia m'offrent un nouveau public exigeant pour les mêmes tours.

Introduction

Tous les tours dans ce livre marchent tout seuls – c'est-à-dire que vous n'aurez pas besoin d'être un(e) grand(e) magicien(ne) pour les réussir. C'est Dame Nature qui assurera la « magie ».

La magie et la science ont beaucoup de choses en commun.

La magie et la science peuvent produire des effets merveilleux qui nous laissent sans voix. Le public veut toujours comprendre comment un tour fonctionne. Les scientifiques font autant d'efforts pour comprendre les tours que nous joue la nature.

Les magiciens détournent beaucoup notre attention – ils nous demandent de regarder dans une autre direction pendant qu'ils font discrètement leur tour ; la nature semble souvent faire la même chose. Pendant des milliers d'années, nous avons cru que le Soleil traversait le ciel au-dessus de nos têtes : nous savons aujourd'hui que le Soleil ne bouge pas mais que c'est *nous* qui nous déplaçons : le Soleil *semble* bouger. La nature nous induit en erreur.

Le public d'un(e) magicien(ne) dira souvent : « Je sais comment ça marche ! » alors qu'il se trompe complètement. Les scientifiques font souvent la même erreur. Il y a 2 000 ans, Aristote, un philosophe grec, avait des idées complètement fausses. Par exemple, il pensait que les pommes tombaient des arbres car elles l'avaient décidé. Les idées d'Aristote semblent bizarres aujourd'hui mais, pendant 1 500 ans, tout le monde a cru qu'il avait raison !

Nous avons aujourd'hui corrigé les erreurs d'Aristote mais même les meilleurs scientifiques d'aujourd'hui ne peuvent toujours pas expliquer certains des tours présentés dans ce livre ; cela les rend doublement magiques.

Quand un(e) scientifique découvre qu'une expérience a raté, il ou elle recommence, cherchant, testant et devinant jusqu'à ce que ça marche. En faisant les tours présentés dans ce livre, vous constaterez parfois qu'ils ne marchent pas mais, avec un peu d'entraînement, vous y arriverez. Très vite, ils sembleront aussi magiques à vos spectateurs que la nature semble magique aux scientifiques.

Bonne chance.

La vision et les illusions optiques

Dans ce chapitre, nous allons nous intéresser à la vision et aux illusions optiques. Commençons par l'impossible : faire des tours de magie incroyables sur nous-même. Cela peut sembler aussi bizarre que de se chatouiller tout(e) seul(e) – c'est impossible, non ? Eh bien nous allons voir que si, c'est possible. Nous verrons des choses qui ne sont pas là, et nous ne verrons pas certaines choses qui sont sous nos yeux.

Vous êtes dans votre chambre. La nuit tombe. La lumière diminue à l'extérieur. Vous allumez la lumière. Tout à coup, il fait nuit ! Dehors, le ciel est devenu complètement noir. D'où viennent ces pouvoirs que vous avez sur la nature ? Pourquoi n'êtes-vous pas célèbre ? Pourquoi est-ce que personne ne vous demande des autographes dans la rue ?

Désolé, mais c'est en fait assez commun. Nos yeux nous jouent parfois des tours.

Cela arrive tout le temps, comme nous allons le voir. Dans ce cas particulier, la réponse est claire, nette et visible. Trouvons un miroir et regardons nos yeux quand nous allumons la lumière. La partie colorée de nos yeux, l'**iris**, est en fait un muscle. Nous pouvons le voir se dilater et refermer la partie noire, la **pupille**, pour la protéger de la lumière.

Quand il y a beaucoup de lumière — Quand il fait sombre

Lorsque moins de lumière entre dans l'œil, les objets lumineux ne sont plus éclatants et les objets sombres (comme le ciel que l'on voit par la fenêtre) deviennent encore plus sombres.

Si trop de lumière entre dans notre œil, les fragiles cellules sensibles à la lumière (la **rétine**) peuvent être brûlées. Jettez un coup d'œil rapide à une lumière brillante puis fermez les yeux. L'image que vous continuez à voir (appelée **image rémanente**) indique que certaines des cellules de vos yeux ont été surexposées à la lumière. Elles ont reçu tellement de lumière qu'elles envoient encore des messages au cerveau longtemps après la disparition de la lumière. Pendant quelques minutes, vous voyez donc de grosses taches lumineuses.

Une chose que vous ne devez JAMAIS faire, c'est regarder le Soleil directement car il est tellement lumineux qu'il pourrait abîmer vos yeux de façon définitive.

Une chose que vous DEVEZ faire, c'est utiliser cette image rémanente pour faire le tour de magie décrit à la page 13.

« Ah, maintenant c'est clair... »

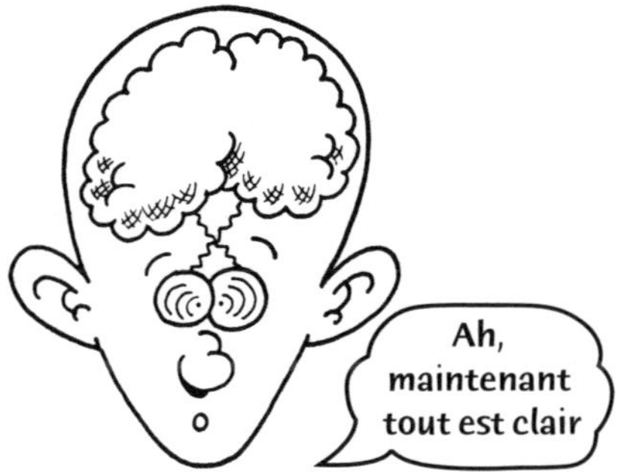

LA LUMIÈRE ET LA VISION

Agitez un crayon devant une télévision... euh, agitez *six* crayons – d'où viennent-ils ?

Ce que vous voyez comme une image toujours en mouvement à la télévision est en fait une succession d'images fixes projetées sur l'écran, environ trente fois par seconde. Certains magnétoscopes ou lecteurs de DVD permettent d'avancer image par image ; vous pouvez alors voir les images individuelles. Le crayon que vous agitez est pris par une série de flashs et chaque flash crée une ombre.

Normalement, notre cerveau remplit les espaces entre les flashs de la télévision. Cette capacité qu'il a de mélanger les images s'appelle la **persistance de la vision**. C'est grâce à elle que la télévision marche. Au lieu de voir 30 flashs par seconde, ce qui serait inconfortable, nous voyons un mouvement continu. Cela nous permet de faire quelques tours de magie...

Tour de Magie

Regarder en coin

Avez-vous déjà remarqué combien il est facile de regarder la télévision quand on est assis loin sur le côté ? L'image est compressée mais une partie de notre cerveau peut calculer ce à quoi elle ressemblerait si nous étions assis face à l'écran – et c'est l'image qui nous apparaît. Cette partie de notre cerveau, nous pouvons lui jouer des tours.

Regardez le dessin ci-dessous. Pensez-vous pouvoir poser une pièce de 10 centimes d'euro sur la table sans qu'elle en touche les bords ? Maintenant, essayez.

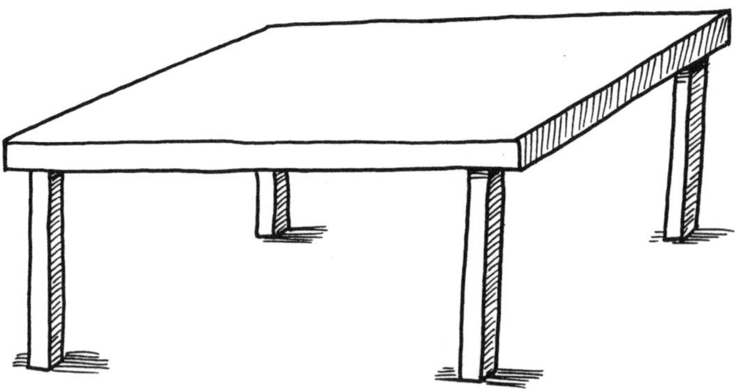

Cela semble possible car, bien que nos yeux voient une forme, notre cerveau voit une table et imagine que nous posons une pièce dessus.

NEWTON, TU NOUS ÉTONNES

Combien y a-t-il de couleurs sur un écran de télévision ? Il n'y en a que trois ! Vous pouvez le vérifier en trouvant un endroit blanc sur l'écran et en le regardant avec une loupe. Vous verrez alors que ce que vous croyiez être blanc est en fait composé de petits points rouges, verts et bleus. Toutes les autres couleurs que vous voyez sont composées de différents mélanges de ces couleurs de base.

Alors combien y a-t-il de couleurs dans le monde ? Seulement trois ?

Après avoir fini de travailler sur les règles qui contrôlent l'Univers tout entier, Isaac Newton passa un peu de temps à jouer avec la lumière. Il fut le seul à réussir à décomposer la lumière du Soleil en ses différentes couleurs. Avant cela, des gens avaient découvert que, si l'on envoie de la lumière solaire dans un prisme (un morceau de verre triangulaire) et qu'on la projette sur un écran blanc, les bords du faisceau de lumière blanche prennent les mêmes couleurs qu'un arc-en-ciel.

Mais ils étaient passés à côté de ce qui est vraiment magique. Newton s'en redit compte en faisant une chose très simple : il éloigna l'écran du prisme. Le faisceau blanc disparut complètement et laissa place à un arc-en-ciel. Un miracle ! Newton en croyait à peine ses yeux. Où la lumière blanche était-elle passée ? Il n'y avait qu'une réponse, aussi incroyable soit-elle. Newton ajouta un autre prisme sur le chemin de l'arc-en-ciel et mit un écran derrière. Les couleurs de l'arc-en-ciel se combinèrent pour reformer du blanc. C'était magique !

Newton écrivit un livre célèbre sur la lumière, dans lequel il essaya d'expliquer ce tour de magie de façon scientifique. Mais, même si ses théories étaient basées sur des expériences rigoureuses et des faits solides, Newton vivait à l'époque de l'alchimie. Il identifia sept couleurs dans l'arc-en-ciel : rouge, orange, jaune, vert, bleu, indigo et violet. Si vous avez du mal à faire la différence entre l'indigo et le violet, vous êtes loin d'être le ou la seul(e) ! Newton n'a en fait trouvé que six couleurs mais, pour les personnes religieuses et mystiques, le six était le nombre de la Bête. Comme Newton était encore très superstitieux, cela le rendit nerveux. Par contre, sept était le nombre saint; il fallait donc qu'il y ait sept couleurs ! Mais, si Newton a trouvé *sept* couleurs, si l'on peut en fait en voir *six* et si une télévision se débrouille avec *trois*, combien y en a-t-il exactement ?

La réponse est : des milliards et des milliards ! La lumière visible est une petite partie de ce que l'on appelle les **ondes électromagnétiques**, parmi lesquelles on trouve les ondes radio, les rayons X, les rayons infrarouges, les rayons cosmiques et les micro-ondes. Nous avons aujourd'hui des appareils qui peuvent « voir » toutes ces autres ondes mais nos pauvres petits yeux ne peuvent détecter qu'une petite partie dans le milieu. Rendez-vous compte, si nos yeux voyaient sur une plus grande gamme, nous pourrions *voir* la musique de la radio !

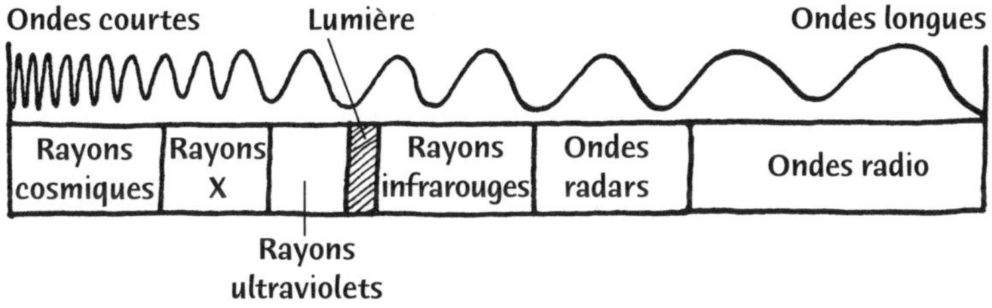

Même dans la petite partie qui nous concerne, il y a un nombre infini de « couleurs », chacune étant très proche de ses voisines. Si nous voyons une image si nette, avec ses bandes brillantes de jaune, de rouge, de bleu et ainsi de suite, c'est à cause de la façon dont nos yeux sont construits.

NOS YEUX

Au fond de nos yeux, il y a quatre types de cellules sensibles à la lumière. Trois d'entre eux, que l'on appelle cônes, détectent les couleurs. Les autres cellules sont les bâtonnets. Ils ne voient qu'en noir et blanc mais sont très utiles car ils peuvent

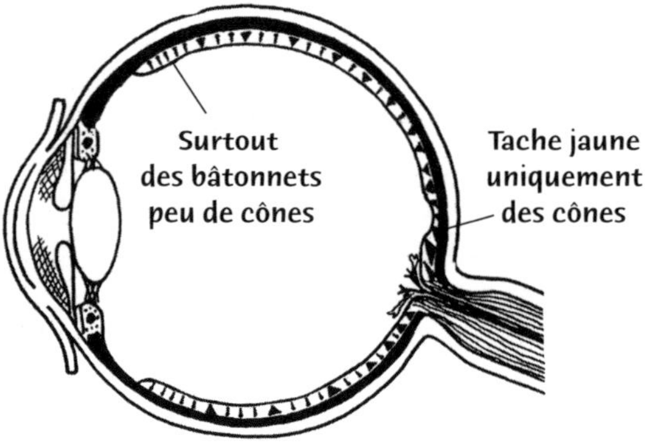

fonctionner même avec très peu de lumière. C'est pour cela que tout semble blanc, gris et noir quand il fait sombre ! Les cônes sont concentrés au milieu de notre œil et les bâtonnets sont concentrés sur les côtés. Cela signifie que, sur les côtés de notre champ de vision, on ne voit qu'en noir et blanc, même par une journée ensoleillée. Cela peut sembler difficile à croire : il vous faut une preuve – que vous pourrez obtenir très rapidement…

Tour de Magie

La vision périphérique

Avec des feutres de différentes couleurs, tracez une ligne colorée sur plusieurs bouts de papier. Mélangez-les et prenez-en un au hasard. Regardez maintenant fixement devant vous et tenez le papier sur le côté. Déplacez-le lentement jusqu'à ce que vous puissiez voir la ligne. Pouvez-vous dire de quelle couleur elle est ?

Les cônes se concentrent sur trois couleurs – le rouge, le bleu et le vert, exactement les mêmes couleurs que la télévision. Les composés chimiques à l'intérieur des cônes varient légèrement. Les cônes bleus, par exemple, peuvent fonctionner avec moins de lumière que les rouges et les verts ; c'est la raison pour laquelle tout a l'air bleu avant de devenir gris quand la nuit tombe. Les cônes rouges et verts réagissent mieux quand il y a beaucoup de lumière ; c'est pourquoi les panneaux de signalisation indiquant un danger et les lumières clignotantes sont plus visibles si elles sont rouges, orange ou jaunes. On peut faire quelques tours de magie avec le spectre des couleurs qui se trouve au-dessus de nos têtes toute la journée – le ciel.

Tour de Magie

Le lait multicolore

Ce tour montre comment la couleur du ciel change au cours de la journée.

L'EFFET

La couleur d'un verre d'eau passe du bleu au rouge si l'on ajoute du lait.

VOUS AVEZ BESOIN DE...

- Une pièce sombre
- Une lampe torche
- Un grand verre d'eau
- Un peu de lait
- Un fond noir

DÉROULEMENT DU TOUR

Mettez le verre d'eau devant le fond noir. Posez des questions loufoques à votre public comme : « De quelle couleur l'eau est-elle ? De quelle couleur le lait est-il ? Est-ce que j'ai entendu "orange" ? Avez-vous dit "bleu" ? »

Montrez-leur le bleu. Mettez une goutte ou deux de lait dans l'eau et éclaire le verre en mettant la lampe torche sur le côté. Le mélange laiteux devrait avoir l'air bleu devant le fond noir.

Mettez plus de lait dans le verre et éclairez-le à nouveau avec la lampe torche. Si vous trouvez le bon angle, vous verrez clairement une coloration orange.

QUE S'EST-IL PASSÉ ?

La lumière a été diffusée par les particules du lait en suspension dans l'eau, tout comme la lumière du jour est diffusée par des particules (la poussière, par exemple) dans l'atmosphère. La lumière à l'extrémité bleue du spectre est plus diffusée que celle à l'extrémité rouge, si bien que, pendant le jour, la lumière bleue rebondit dans le ciel et semble provenir de partout; c'est la raison pour laquelle le ciel est bleu. Le soir, le Soleil est plus bas dans le ciel et la lumière traverse plus d'atmosphère (ce que vous reproduisez en mettant plus de lait dans l'eau), si bien que la lumière bleue est éparpillée et seul le rouge nous parvient.

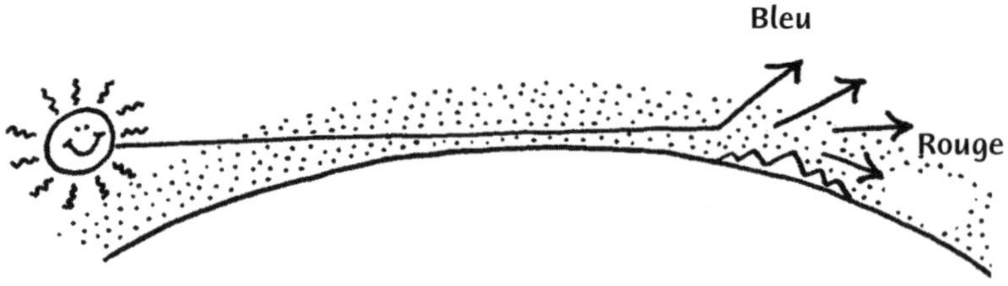

J.M.W. Turner, un grand peintre anglais, a peint une série de couchers de soleil très colorés dans les années 1840. Des travaux de recherche récents ont montré qu'une énorme éruption volcanique s'était produite à cette époque de l'autre côté de la planète. Le volcan cracha des millions de tonnes de poussière dans les couches supérieures l'atmosphère, qui furent transportées sur l'ensemble du globe ; cela déclencha de spectaculaires couchers de soleil en Europe, que Turner peignit.

LES ILLUSIONS OPTIQUES

Tour de Magie

Mettez l'oiseau dans la cage

L'EFFET

Le magicien ou la magicienne fait apparaître un oiseau fantôme dans une cage.

VOUS AVEZ BESOIN DE...

- Un crayon
- Du papier

PRÉPARATION SECRÈTE

Utilisez l'oiseau et la cage dessinés ci-dessous ou faites-en faire une copie.

DÉROULEMENT DU TOUR

Demandez à quelqu'un de mettre l'oiseau dans la cage sans les toucher ni l'un ni l'autre. Une microseconde devrait lui suffire pour voir que c'est impossible.

Mais rien n'est impossible pour un(e) magicien(ne) !

Dites à votre assistant(e) de se couvrir un œil et de regarder l'œil de l'oiseau avec l'autre pendant environ trente secondes. Pendant ce temps, prononcez un petit discours, en vous appuyant sur le texte suivant : « Concentrez-vous sur l'œil de l'oiseau. Regardez son œil. Vous absorbez l'essence de l'oiseau. Son âme est maintenant en votre pouvoir... Regardez maintenant le point au milieu de la cage. Voilà l'oiseau ! »

Et il y sera bien car, même que vous ne pourrez pas le voir, votre assistant(e) verra clairement le fantôme d'un oiseau noir à l'intérieur de la cage.

QUE S'EST-IL PASSÉ ?

Les scientifiques se grattent encore la tête pour comprendre d'où vient cette image rémanente négative. Notre œil transmet en permanence des informations à notre cerveau. Même quand il fait nuit noire, il y a toujours un « bruit de fond » de signaux en provenance de notre rétine. Il semblerait que, quand nous regardons fixement pendant si longtemps l'oiseau blanc sur le fond noir, certaines des cellules rétiniennes sensibles au blanc et au noir se fatiguent; quand nous regardons ailleurs, elles n'arrivent plus à envoyer de signaux et nous « voyons » l'image opposée flotter devant nous – ça fait froid dans le dos ! L'œil est un organe compliqué !

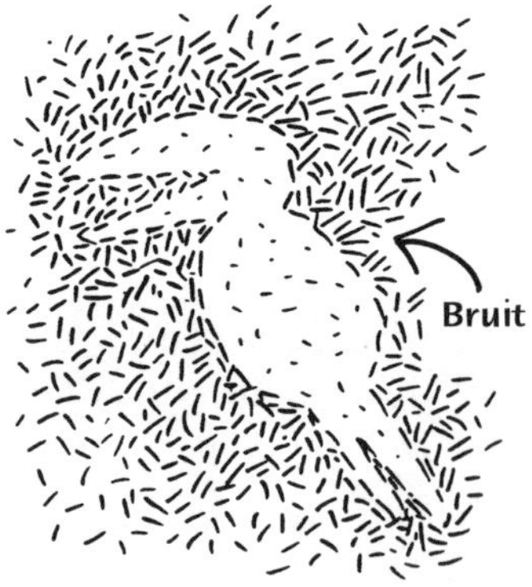

LE NERF OPTIQUE

Pas de doute, l'œil est un organe phénoménal mais il a un gros problème, un problème qui vous donne la possibilité de jouer des milliers de tours à votre public.

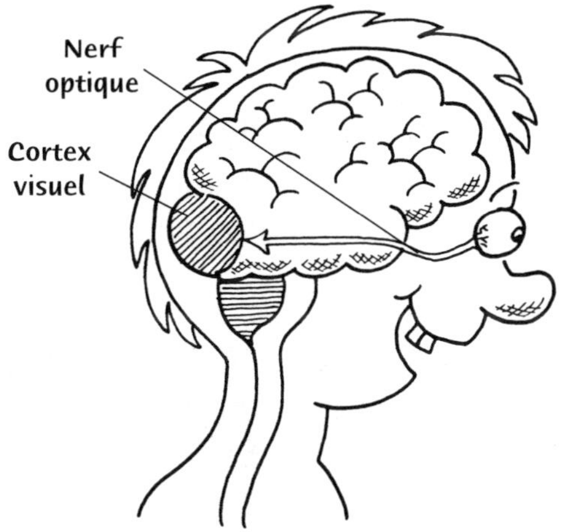

Le problème, c'est que, bien qu'il y ait 180 millions de cellules sur la rétine de l'œil qui reçoivent la lumière de l'extérieur, il n'y a qu'un tout petit nerf optique pour transmettre les signaux à notre cerveau.

Comme vous pouvez l'imaginer, ce n'est pas suffisant. Les informations sont codées et simplifiées avant d'être envoyées à la zone de la vision du cerveau (le **cortex visuel**). Ce dernier décode alors le message en remplissant les trous aussi bien qu'il le peut.

Et c'est pour cela que nous pouvons le tromper.

Tour de Magie

Trompons nos yeux

Toutes ces illusions fonctionnent car le cerveau reçoit des signaux déroutants provenant de l'œil par l'intermédiaire du nerf optique et essaie de reconstruire la meilleure image possible, le pauvre.

METTONS LES CHOSES AU POINT

Qui a mis ces points gris entre les carrés noirs ? C'est vous ! Regardez-en un de près et il disparaîtra.

TOUT DROIT

Tous les côtés de ce triangle sont rectilignes même si votre cerveau vous dit qu'ils sont courbés.

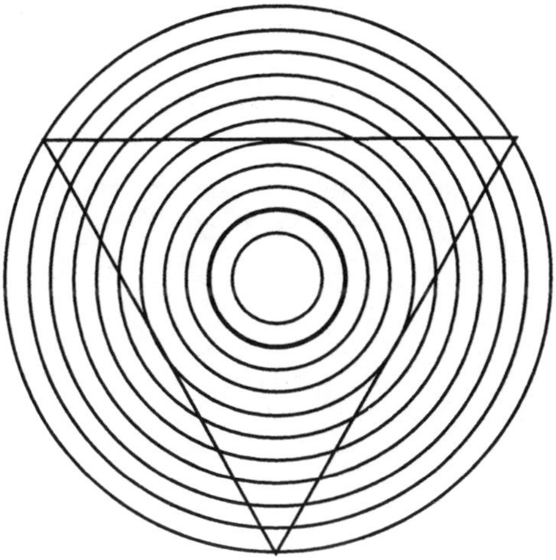

ÇA TANGUE

Toutes ces lignes sont **parallèles** (elles sont toutes verticales et à la même distance les unes des autres) mais elles semblent se pencher dans tous les sens.

ÇA TOURNE !

Tenez cette figure devant vous et secouez-la rapidement. Les roues semblent se mettre à tourner.

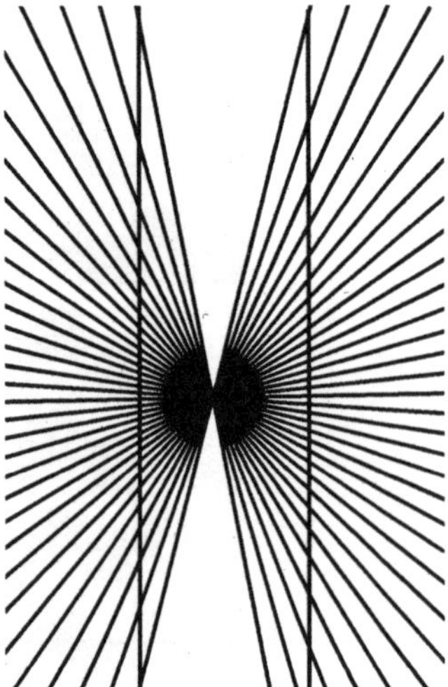

ÉCARTEZ-VOUS

Votre cerveau ne peut pas s'en empêcher; même si vous lui dites que ces droites sont rectilignes et parallèles, vous les verrez courbées.

C'EST ENCORE LOIN ?

Quels sont les points les plus éloignés : A et B ou C et D ?

La distance est en fait la même, même si l'on a du mal à y croire.

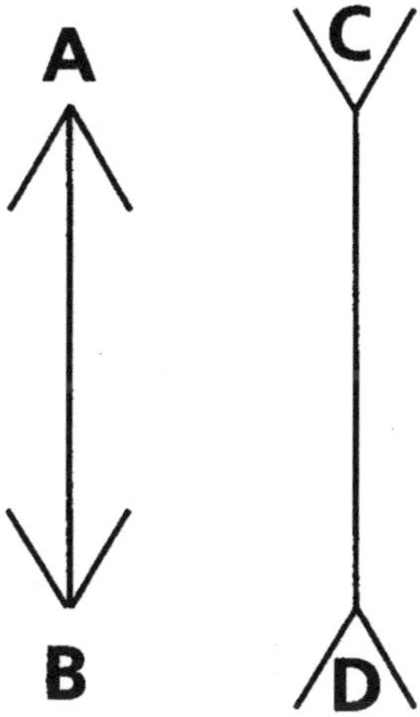

PETIT MAIS COSTAUD

Lequel des carrés à l'intérieur est le plus grand ?

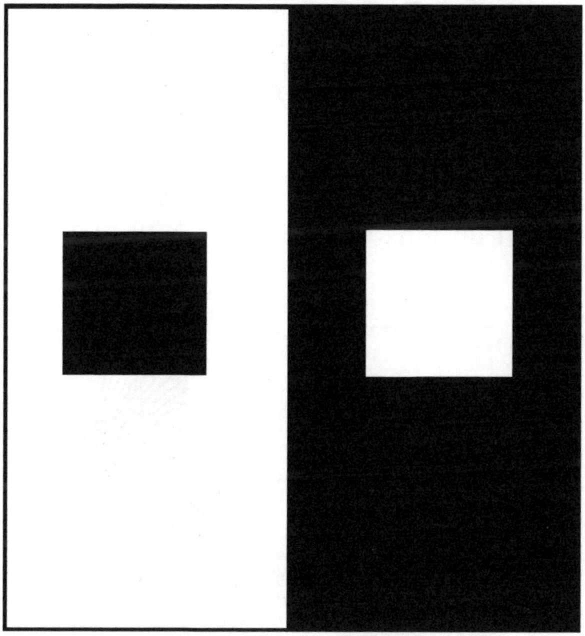

Encore une fois, ils font la même taille mais on ne peut pas s'empêcher de penser que le blanc est plus gros.

Tour de Magie

Trompons notre cerveau

Votre cerveau a un rôle plus actif dans ces illusions optiques; il remplit les espaces dans les images que vos yeux lui envoient. Vous pouvez presque l'entendre travailler !

Voyez-vous les triangles dans cette figure ? Il n'y en a aucun mais votre cerveau en fait apparaître deux.

Ces escaliers sont-ils à l'endroit ou à l'envers ? Votre esprit peut penser l'un puis l'autre mais pas les deux en même temps.

Regardez-vous cette table de dessus ou de dessous ? Une fois encore, quand le cerveau change d'avis, la table change de position.

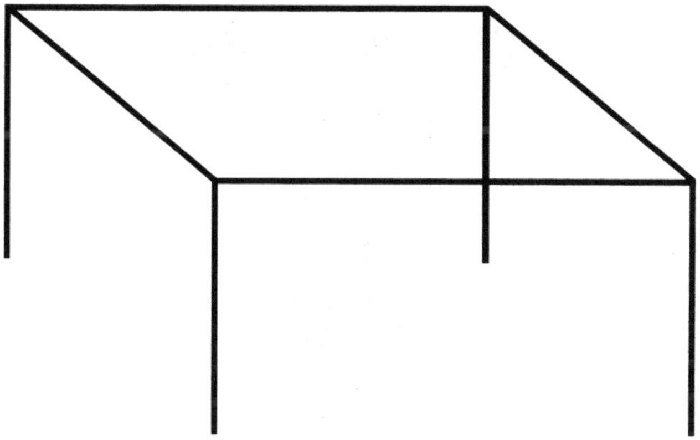

À votre avis, cet escargot dépasse-t-il la vitesse autorisée ? Les dessinateurs utilisent des codes étranges pour suggérer des mouvements et donner à notre cerveau une impression de vitesse.

Combien de cubes y a-t-il, six ou sept ? Les deux réponses sont possibles, selon la manière dont on regarde.

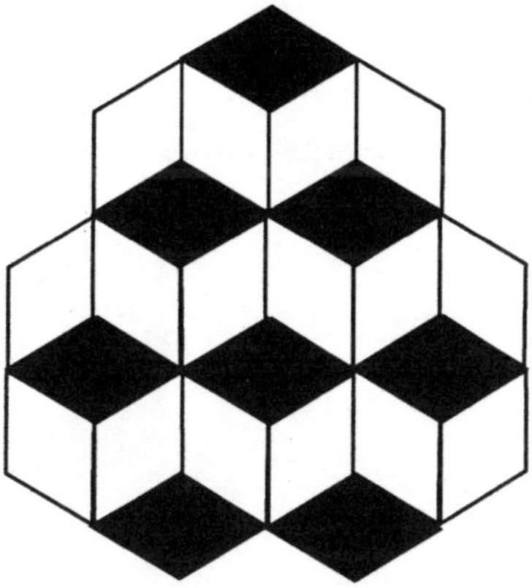

Voici un dessin représentant deux visages… ou est-ce un chandelier ? Les deux sont possibles.

Certaines illusions sont invisibles pour les personnes de culture différente. La plupart des Chinois ne verront pas là la lettre E car ils n'en voient presque jamais.

Où est la part de tarte manquante ? Retournez le livre et vous la trouverez.

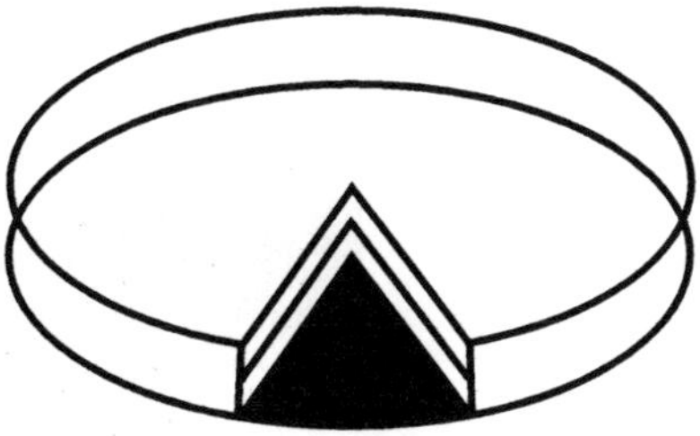

Ce qui était plein semble maintenant vide et ce qui était vide semble maintenant plein.

Tour de Magie

Langage coloré

Le cerveau peut sérieusement perturber les messages provenant de nos yeux. Voici une tâche simple pour les yeux qui devient un cauchemar pour le cerveau.

L'EFFET

Une liste de mots devient étrangement difficile à lire.

VOUS AVEZ BESOIN DE...

- Deux feuilles de papier blanc
- Des feutres – rouge, bleu, jaune, vert, violet, orange et marron

PRÉPARATION SECRÈTE

Avec les feutres, recopiez les deux listes de mots ci-dessous. Utilisez une couleur différente pour chaque mot. Pour la liste des couleurs, prenez bien soin de choisir une « mauvaise » couleur (par exemple, n'utilisez pas le feutre rouge pour écrire le mot ROUGE ; utilisez par exemple le vert la première fois et le bleu la deuxième).

Arbre	Marron
Cheval	Rouge
Buisson	Bleu
Voiture	Orange
Chien	Violet
Table	Bleu
Tapis	Jaune
Avion	Marron
Ballon	Vert
Roi	Rouge

DÉROULEMENT DU TOUR

Choisissez une personne. Dites-lui que vous allez lui faire passer un test simple sur les couleurs. Vous avez écrit une liste de dix mots avec différentes couleurs et vous souhaitez qu'elle vous dise la couleur de chaque mot, au rythme d'environ un par seconde.

Pour montrer l'exemple, prenez la première liste et annoncez la couleur de chaque mot à peu près à la bonne vitesse.

Quand la personne est prête, donnez-lui la deuxième liste pour qu'elle la lise et regardez-la s'embrouiller. Elle hésitera et bégayera, et elle donnera sans doute souvent la mauvaise couleur.

QUE S'EST-IL PASSÉ ?

Le cortex visuel a une tâche assez simple : identifier la couleur. Mais un autre message n'arrête pas de l'interrompre. Des messages insistants viennent d'autres parties de son cerveau (voyez la figure suivante).

Impossible de ne pas être perturbé(e).

REGARDONS CELA D'UN PEU PLUS PRÈS

Les scientifiques essaient de comprendre pourquoi nous sommes perturbés par les illusions optiques. Voici quelques-unes de leurs explications. Êtes-vous d'accord avec eux ?

METTONS LES CHOSES EN PERSPECTIVE

Sur ce dessin, les deux rectangles sont de la même taille. Pourquoi l'un des deux a-t-il l'air plus grand ?

Votre cerveau voit que les lignes se rejoignent « au fond » du dessin et conclut que vous regardez une route qui disparaît à l'horizon. Comme vous le savez, les objets paraissent plus petits quand ils sont loin. Comme les deux rectangles sont de la même taille, cela doit vouloir dire que le plus éloigné est plus grand. Le cerveau le « voit » donc ainsi.

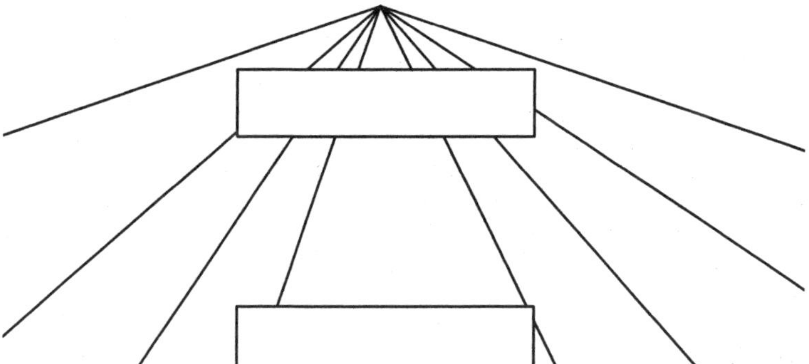

LA PEUR DU VIDE

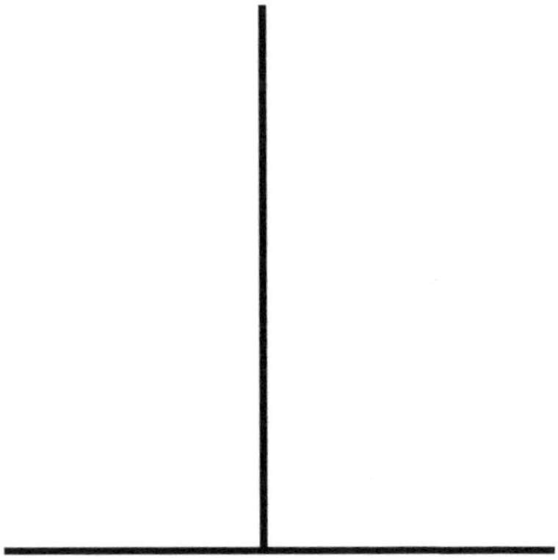

Quelle ligne est plus longue, l'horizontale ou la verticale ? Elles sont toutes les deux de la même longueur mais votre cerveau ne veut pas le croire.

Nous, humains, avons un problème avec la hauteur – nous n'aimons pas ça. Nous avons toujours peur de tomber dans un trou. Notre esprit nous protège dès notre naissance en exagérant les hauteurs. C'est la raison pour laquelle notre esprit exagère légèrement la taille des lignes verticales que l'on regarde.

Regardez par la fenêtre. À votre avis, à quelle distance le sol se trouve-t-il ? Mesurez-la avec un bout de ficelle. Mesurez maintenant la même distance par terre. Ont-elles l'air semblables ?

Tour de Magie

Du carton élastique

Voici un tour basé sur une autre illusion optique. Cette illusion trompe le public encore et encore ; les scientifiques ne savent pas l'expliquer.

L'EFFET

Le magicien n'arrive pas à forcer deux bouts de papier à rester de la même taille.

VOUS AVEZ BESOIN DE...

- Deux bouts de carton
- Des ciseaux
- Du papier

PRÉPARATION SECRÈTE

Tracez les contours suivants sur une feuille de papier.

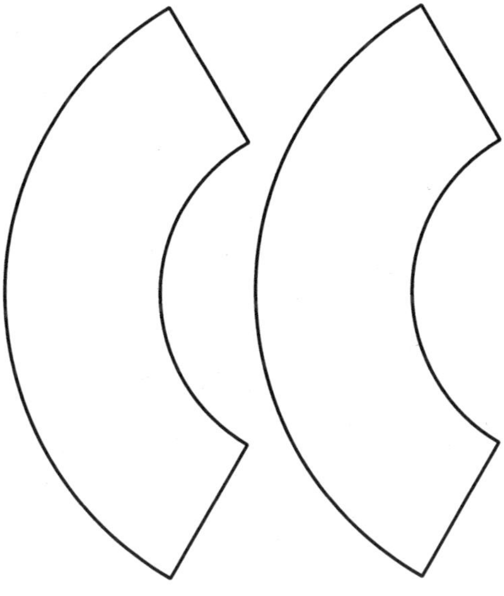

Posez le papier sur deux bouts de carton, découpez les deux formes arrondies ; vous aurez alors deux bouts de carton courbés de forme identique. Décorez-les.

DÉROULEMENT DU TOUR

Mettez les deux bouts de carton côte à côte comme le montre le dessin ci-dessous et demandez au public lequel est le plus petit.

Quand quelqu'un vous en montre un, agrandissez ce bout de carton en l'étirant de façon magique pour lui donner la même taille que l'autre. Prenez-le, faites semblant de l'étirer puis posez-le *en dessous* de l'autre bout de carton. Oh non ! Vous l'avez trop étiré – il est maintenant trop grand. Prenez maintenant le carton devenu « plus petit » et étirez-le. Mettez-le en dessous de l'autre – c'est maintenant lui qui paraît trop grand.

Pour terminer le tour, mettez les deux bouts de carton l'un sur l'autre et montrez que vous avez enfin réussi – les deux bouts de carton sont de la même taille !

Tour de Magie

D'un côté ou de l'autre

L'EFFET

Le magicien ou la magicienne transforme un lapin en canard.

VOUS AVEZ BESOIN DE...

- Une grande enveloppe
- Un dessin qui ressemble à celui ci-dessous. (Recopiez-le avec du papier-calque.)

DÉROULEMENT DU TOUR

Voici le texte à lire et les actions à effectuer.

« Rebecca entre dans un magasin d'animaux et dit : « Je voudrais acheter un lapin, s'il vous plaît. » Roger, le responsable

du magasin, lui répond : “Certainement ! Voici un lapin en pleine forme; il s’appelle Robert.” »

Montrez le dessin du lapin.

« Veux-tu que j’emballe Robert le lapin, Rebecca ? », demande Roger. « J’ai un robot d’emballage de lapins très efficace. »

« Oui, s’il vous plaît », dit Rebecca. »

« Roger emballe donc Robert le lapin grâce à son robot emballeur de lapins. »

Mettez le dessin dans l’enveloppe.

« Rebecca le ramène à la maison mais quelle n'est pas sa surprise quand elle déballe le lapin emballé par le robot emballeur de lapins. Ce n'est pas un lapin – c'est un canard ! »

Sortez le dessin de l'enveloppe – tournez cette fois la feuille, pour que cela ressemble à un canard.

QUE S'EST-IL PASSÉ ?

Toutes sortes de souvenirs et de calculs ont fait conclure à votre public que le premier dessin était un lapin, comme « grandes choses sur la tête = lapin ». Quand vous avez tourné le dessin, les mêmes mécanismes mentaux ont conclu « grandes choses devant la tête = canard ».

Tour de Magie

Un point c'est tout

Une fois encore, le cerveau réfléchit trop.

L'EFFET

Le magicien ou la magicienne a une carte à quatre faces.

VOUS AVEZ BESOIN DE...

- Une feuille ou un bout de carton de la taille d'une carte postale, blancs des deux côtés
- Un crayon

PRÉPARATION SECRÈTE

Dessinez des points sur la carte comme indiqué ci-contre :

DÉROULEMENT DU TOUR

Pour commencer, cachez la carte à votre public.

Dites : « J'ai une carte à quatre faces. Il y a quatre points sur la première face… »

Tenez la carte dans votre main gauche en couvrant un des cinq points avec vos doigts.

Tenez-la maintenant en plaçant vos doigts sur un des deux points et dites : « Il y a un point sur la deuxième face… »

Montrez maintenant la face comportant cinq points en couvrant l'espace avec vos doigts et dites : « Six points sur la troisième face… »

Faites la même chose avec la face qui comporte deux points et dites : « Et trois points sur la quatrième face ! »

QUE S'EST-IL PASSÉ ?

Si vous faites ce tour assez vite, votre public n'aura pas le temps de suffisamment réfléchir à ce qui se passera ; leur cerveau inventera ce que leurs yeux ne peuvent pas voir.

Dans le premier cas, ils verront quatre points – pas de problème. Dans le deuxième cas, un point – jusque-là, tout va bien.

Dans le troisième cas, les choses deviendront plus intéressantes. Tes auditeurs s'attendront à voir une image symétrique ; ils penseront donc qu'il y a un sixième point sous tes doigts. Ce sera la même chose avec la dernière face : ils ne pourront pas croire que les deux points seraient répartis ainsi s'il n'y en avait pas un troisième sous vos doigts.

Tour de Magie

Le point qui disparaît

Saviez-vous qu'une partie de votre œil invente de A à Z ? Il y a un point qui ne voit rien, même si vous ne le remarquez jamais. Voici une astuce qui permet de le montrer.

L'EFFET

Le magicien ou la magicienne fait disparaître un point sous les yeux de son public.

VOUS AVEZ BESOIN DE...

- Cette page ou une copie du dessin ci-dessous sur une feuille de papier.

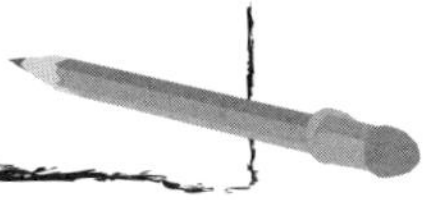

DÉROULEMENT DU TOUR

Dites à votre victime qu'un(e) bon(e) magicien(ne) est capable de faire disparaître des objets. Heureusement, vous avez ce pouvoir ; en voici la preuve.

Tenez le dessin à environ 30 centimètres de son visage. Dites-lui de se couvrir l'œil gauche et de regarder la croix. Il ou elle verra le point dans le coin de son œil. Déplacez lentement le dessin vers lui ou elle en disant : « Dites-moi quand le point a disparu. Petit point, tu n'es point… petit point, tu n'es point… »

Lorsque le dessin sera à environ 20 centimètres, votre victime vous dira que le point a disparu.

QUE S'EST-IL PASSÉ ?

À l'endroit où le nerf optique quitte l'œil en direction du cerveau, il y a un **point aveugle** qui ne possède pas de cellules sensibles à la lumière.

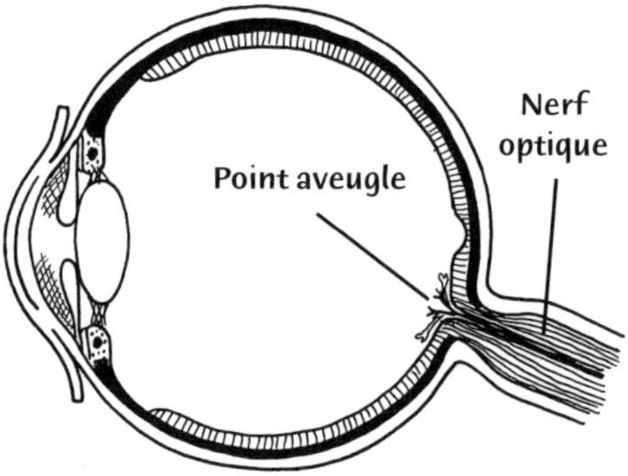

Le cerveau passe donc son temps à deviner ce qui se passe en utilisant les informations des cellules voisines. Quand l'image du point se trouve exactement sur le point aveugle, les cellules voisines n'ont rien à dire et le cerveau pense qu'il n'y a rien à voir. Loin des yeux loin du cœur ou plutôt du cerveau !

Il y a de nombreuses choses avec lesquelles le cerveau prend des libertés. Par exemple, nous ne voyons pas le nez sur notre visage ! Le cerveau l'ignore purement et simplement. Mettez un peu de peinture blanche dessus et votre cerveau se mettra alors à le voir en permanence – « Qu'est-ce que c'est que cette chose au coin de mon œil ? C'est toujours là… Ça me suit… » et ainsi de suite.

Miracles mathématiques

CARTES ET DÉS

Il est maintenant temps d'impressionner votre public avec votre phénoménale capacité à connaître toutes les cartes d'un paquet.

Ces tours de cartes fonctionnent tout seuls. Ils font appel à quelques astuces mathématiques simples pour tromper le public.

Tour de Magie

La force du neuf

Dans les tours de cartes, le magicien utilise une « force » pour faire choisir « librement » une carte de son choix à une personne.

Positionnez la carte que vous souhaitez que votre victime prenne en neuvième position. Tendez-lui les cartes, demandez-lui de penser à un nombre entre 10 et 20 (10 et 20 étant exclus) et retirez ce nombre de cartes à partir du dessus pour en faire un petit paquet.

Demandez à votre victime d'additionner les deux chiffres du nombre qu'elle a choisi. Par exemple, si la personne a choisi 13, elle doit additionner 1 et 3, soit un total de 4. Vous lui tendez ensuite le petit paquet et elle compte autant de cartes *à partir du bas.* Dites-lui ensuite de mémoriser la carte suivante. C'est la carte que vous aviez choisie !

Les mathématiques qui se cachent derrière ce tour sont très simples, même si votre victime ne le sait pas. Si l'on ajoute les deux chiffres avant de soustraire le total du nombre initial, le résultat est toujours égal à neuf.

11 – 2 = 9

12 – 3 = 9

13 – 4 = 9

14 – 5 = 9

15 – 6 = 9

16 – 7 = 9

17 – 8 = 9

18 – 9 = 9

19 – 10 = 9

Tour de Magie

Les cartes cartésiennes

C'est aussi facile que de lire une carte… d'accord, c'est aussi difficile que de lire une carte !

Placez 25 cartes faces visibles sur cinq colonnes de cinq cartes.

Ce n'est pas que je sois à cheval sur le style mais la façon dont vous manipulerez les cartes est importante. Il faut les distribuer par *ligne* mais les ramasser par *colonne*.

Demandez à quelqu'un de choisir une carte en secret puis de vous dire uniquement dans quelle colonne elle se trouve.

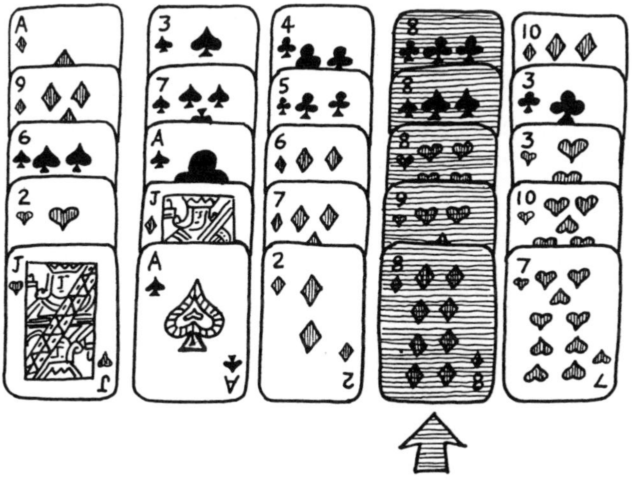

Ramassez les cartes (colonne par colonne, n'oubliez pas) en ramassant la colonne indiquée en troisième.

Déposez à nouveau les cartes (ligne par ligne, n'oubliez pas) – les colonnes sont maintenant devenues des lignes et la colonne choisie est devenue la troisième ligne.

Demandez dans quelle colonne la carte se trouve maintenant.

Ramassez à nouveau les cartes, en ramassant la colonne sélectionnée en troisième. La carte choisie est maintenant au milieu du paquet – en treizième position.

Il faut maintenant entretenir le suspense. Distribuez les cartes, face cachée, une par une en sentant l'« aura » de chacune d'entre elles. Quand vous arriverez à la carte numéro 13, dites : « Je sens que nous y sommes. Quel était le nom de votre carte ? »

Quand le ou la volontaire vous le dira, retournez la carte. Incroyable !

Tour de Magie

Des dés

Voici un tour qui s'appuie sur un fait que peu de gens connaissent : la somme des points sur deux faces opposées sur un dé vaut toujours 7. Dans ce tour, le magicien ou la magicienne montre qu'il voit à travers la matière ! Il ou elle peut voir à travers une pile de dés.

Tout ce qu'il vous faudra, ce sont trois dés. Retournez-vous. Demandez à quelqu'un de lancer les dés puis de les empiler.

Dites à votre public que comprendre l'esprit humain est difficile mais que comprendre les dés est encore plus difficile – ils ne pensent pas comme nous. Vous allez néanmoins essayer de lire quelques-unes des pensées des dés et dire à tout le monde combien il y a de points au milieu de la colonne, que personne ne peut voir.

Demandez à un(e) volontaire d'additionner les points en haut et en bas de la colonne. Retournez-vous et dites à tout le monde que vous pouvez leur annoncer la somme des points au milieu !

C'est facile. La somme des points en haut et en bas de chaque dé vaut sept. Trois fois sept égale 21 : c'est le total de tous les points de la colonne. En soustrayant le nombre que votre volontaire vous a annoncé à 21, vous pouvez donner la somme des points cachés.

CALCULONS !

À l'époque où Newton se débattait avec les sommes dont il avait besoin pour calculer le mouvement des planètes dans l'Univers, la machine à calculer la plus rapide était l'*abaque*.

Newton dut inventer une nouvelle sorte de calcul pour s'en sortir, appelé **calcul différentiel**. Le calcul différentiel fournit à Newton des raccourcis utiles pour trouver les réponses qu'il cherchait et, depuis lors, a été un outil vital pour les mathématiciens, les scientifiques et les ingénieurs. Sans rentrer dans les détails de ce calcul différentiel, voici quelques raccourcis que vous pourrez utiliser.

Tour de Magie

Compter sur ses doigts

Cette méthode vous donne instantanément la table de neuf.

Numérotez les doigts de vos deux mains de 1 à 10. Supposons que vous vouliez multiplier 9 par 7. Il vous suffit de replier le doigt numéro 7. La réponse est le nombre de doigts à gauche du doigt que vous venez de replier (6) suivi du nombre de doigts à droite (3)… 63 !

Tour de Magie

L'ordinateur à doigts

Cette méthode vous aidera pour les tables de six à dix.

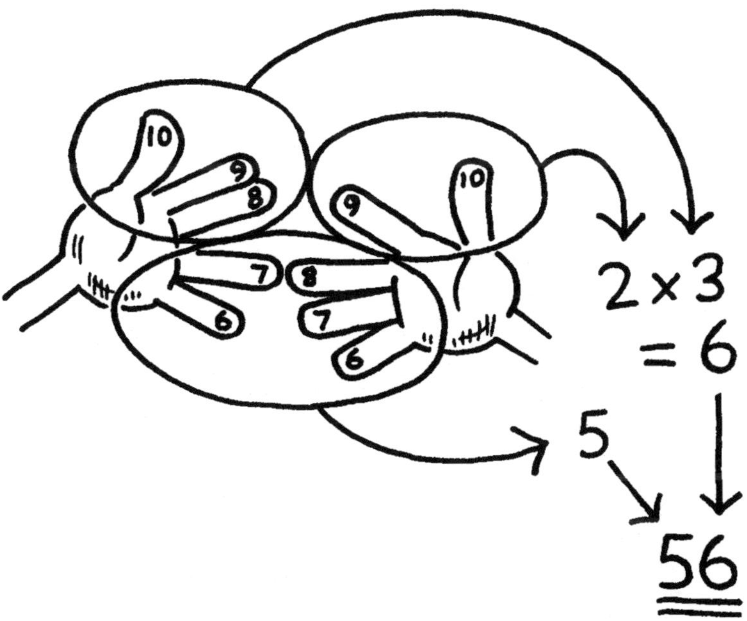

En commençant par vos auriculaires, numérotez les doigts de vos deux mains de 6 à 10. Si vous voulez multiplier 7 par 8, par exemple, touchez le doigt numéro 7 d'une main avec le doigt numéro 8 de l'autre. Les doigts du bas vous indiquent le nombre de dizaines de la réponse – ici, 5. On obtient donc 50. Multipliez les doigts d'en haut d'une main par ceux d'en haut de l'autre main (3 × 2 = 6) et ajoutez le résultat au précédent. Vous obtenez 50 + 6 = 56, votre réponse !

Tour de Magie

Calculatrice de poche

Voici quelques tours à jouer à votre calculatrice.

RETOUR AU POINT DE DÉPART

Voici une des bizarreries les plus communes des calculatrices : divisez 100 par 3 puis multipliez le résultat par 3. Vous devriez retrouver le nombre de départ bien sûr, 100 et pas 99,99999999 !

Tour de Magie

Un jour ou l'autre

L'EFFET

Quelqu'un pense à une date importante de l'année puis la cache dans une masse de sommes sur une calculatrice. Mais le magicien ou la magicienne peut retrouver la date en quelques secondes.

DÉROULEMENT DU TOUR

Demandez à quelqu'un de penser à une date importante de sa vie, son anniversaire, un jour férié ou une date choisie au hasard. Prenons par exemple le 25 mars.

Sans regarder, demandez-lui de taper les instructions suivantes sur la calculatrice :

Entrer le numéro du mois (1 pour janvier et 12 pour décembre)	3
Multiplier par 5	15
Ajouter 6	21
Multiplier par 4	84
Ajouter 9	93
Multiplier par 5	465
Ajouter le numéro du jour	490
Ajouter 700	1 190

Reprenez la calculatrice et tapez rapidement « – 865 ». Le nombre qui apparaît à l'écran est la date : les deux derniers chiffres représentent le jour du mois et le premier chiffre (ou les premiers chiffres) est le numéro du mois. Ici, 1 190 – 865 = 325, soit le 25 mars.

Tour de Magie

Maths en folie

Que vous soyez en train de résoudre un problème scientifique ou de faire un tour de magie, attendez-vous toujours à l'inattendu. Voici quelques sommes amusantes. Rappelez-vous que, si la réponse semble facile, ce n'est pas facile et que, si la réponse semble difficile, ce n'est pas difficile !

1. QUESTION PIÈGE

Posez cette devinette à quelqu'un. Vous serez surpris(e) de voir combien de personnes se trompent.

Il y a 20 moutons malades dans un champ. L'un d'eux meurt. Combien en reste-t-il de vivants ?

2. LE TEMPS PASSE

Gilbert Lacroix travaille dans la même société depuis 30 ans. Il a commencé comme apprenti et son salaire n'a jamais augmenté depuis. Il est temps, pense-t-il, de demander une augmentation. Son directeur écoute son discours puis dit, étonné : « Récapitulons, M. Lacroix. Voyons combien vous travaillez en réalité pour moi. Vous travaillez ici 8 heures par jour, soit 1/3 de journée. Cette année est bissextile, vous ne travaillez donc que 122 jours sur les 366. Vous ne travaillez pas le samedi ni le dimanche, soit 104 jours de l'année. Ce qui nous laisse 18 jours. Il y a quatre jours fériés, il en reste donc 14. Ajoutons à cela deux semaines de vacances, ce qui nous laisse... eh bien ! Vous ne travaillez pas du tout pour moi ! »

3. À LA QUEUE LEU LEU

Des canards marchent en file indienne. Il y a deux canards devant un canard, deux canards derrière un canard et un canard au milieu. Combien y a-t-il de canards en tout ?

4. VACHEMENT ASTUCIEUX

Un fermier donna son troupeau de vaches à ses trois enfants avant de partir en retraite. Il en donna la moitié à son aîné, un quart au cadet et un cinquième au benjamin. Les enfants comptèrent 19 vaches dans le troupeau. Comment pouvaient-ils les partager sans les découper ?

Ils ne voulaient pas avoir des morceaux de vache et ils furent contents que le voisin vienne les aider. Il ajouta sa vache au troupeau; il y avait donc 20 vaches. La moitié de 20 est égale à 10, un quart vaut 5 et un cinquième vaut 4 – soit un total de 19. Le voisin reprit donc sa vache et tout le monde fut satisfait.

5. CINQ SUR CINQ

Une jeune fille avait cinq pommes et les mangea toutes sauf trois. Combien lui en resta-t-il ?

6. FINALEMENT, C'EST FACILE

Pouvez-vous faire ce calcul de tête ?

$3 \times 4 \times 13 \times 24 \times 67 \times 311 \times 50 \times 2 \times 0 = ?$

7. À BON CHAT, BON RAT

Si trois chats attrapent trois rats en trois minutes, combien faut-il de chats pour attraper 99 rats en 99 minutes ?

8. DE PART EN PART

Un dictionnaire en trois volumes est posé sur une étagère. Chaque volume fait 5 centimètres d'épaisseur. Un ver mange le dictionnaire de la première page du premier volume à la dernière page du dernier volume. Quelle distance a-t-il parcouru ? (Comme vous pouvez vous en douter, la réponse n'est pas 15 centimètres.)

RÉPONSES

1. Si un mouton meurt sur les 20, il en reste 19.
2. En ne considérant que 8 heures de chaque journée, le patron a fait rentrer trois journées dans une. Dans ce raisonnement, trois jours de M. Lacroix rentrent dans une seule journée du patron.
3. Il y a trois canards en tout.
4. Le fermier n'était pas très bon en maths. 1/2 + 1/4 + 1/5 = 19/20, il n'avait donc pas divisé tout le troupeau. Grâce à la vache du voisin, il fut plus facile de calculer 19/20 de 20.
5. Il reste trois pommes.
6. En multipliant n'importe quel nombre par 0, on obtient 0.
7. Trois chats suffisent. Ils attraperont 3 rats en 3 minutes, 33 fois.
8. Le ver parcourt 5 centimètres.

Un peu de mécanique

LA GRAVITÉ

Le fantôme d'Isaac Newton, un des plus grands scientifiques de tous les temps, rôde autour de nous. Rien n'échappe à son influence. Il nous a aidés à comprendre : la gravité (la force qui nous plaque au sol), les frottements (qui nous empêchent de glisser sur le sol), la mécanique (qui fait fonctionner les machines), les mathématiques (qui nous ont aidés à les concevoir) et l'optique (qui est au cœur du fonctionnement de nos télévisions).

Imaginons la vie au temps de Newton, il y a environ 300 ans. Il n'y avait pas d'ordinateurs, de lampes, de machines à laver… pas d'appareils électriques car pas d'électricité ! Pas d'avions, de voitures, de fusées ou de moteurs à vapeur. L'horloge était une invention récente. Il n'y avait pas de plastique, pas de nylon, de caoutchouc, d'acier, d'aluminium ou de fibre de verre. Il n'y avait pas non plus de scientifiques pour les inventer même s'il existait des personnes bizarres, des alchimistes, qui travaillaient dans des donjons sombres et humides, et mélangeaient des choses bizarres avec des charmes et des sortilèges pour essayer de les transformer en or.

D'autres, les philosophes, passaient leur vie à essayer de comprendre comment le monde fonctionne, pourquoi les choses tombent sur le sol, pourquoi la Lune tourne autour de la Terre, pourquoi il y a des saisons et ainsi de suite. Mais, comme

personne n'en avait la moindre idée, ce qu'ils disaient ressemblait à des contes de fées.

Newton est né dans ce monde étrange, plein de sortilèges mystiques et de contes de fées superstitieux. En son temps, le tour de magie qui suit aurait vraiment paru magique… ah, c'était le bon temps !

Tour de Magie

Traverser la matière

L'EFFET

Le magicien ou la magicienne fait passer un verre à travers la table.

VOUS AVEZ BESOIN DE...

- Un petit verre
- Une table recouverte d'une nappe
- Une chaise
- Une feuille de journal

DÉROULEMENT DU TOUR

Réalisez ce tour assis(e) à la table, de préférence au-dessus d'un tapis – juste au cas où le verre tomberait par terre. Dites à votre public que vous pouvez dématérialiser le verre et lui faire traverser la table. Posez le verre sur la table, assez près du bord et mettez la feuille de journal autour de façon à ce qu'elle épouse la forme du verre.

Regardez le verre intensément pendant quelques secondes. Le verre n'a pas encore commencé à traverser ? Soulevez-le pour vérifier la table. Reposez le verre après avoir vérifié. Recommencez deux fois.

NOTE IMPORTANTE

Prenez le verre de la même façon à chaque fois. Ne le soulevez pas trop au-dessus de la table; faites-le passer au-dessus de vos genoux puis remettez-le en place.

La troisième fois que vous vérifierez la table, desserrez légèrement la main qui tient le journal pour faire tomber le verre sur vos genoux. Si vous le tenez suffisamment bas, personne ne verra. Le journal gardera la forme du verre quand vous le remettrez sur la table. Dites alors : « Je pense que je devrais l'aider un petit peu. »

Tapez avec votre main sur le journal pour l'aplatir. En même temps, tendez le bras sous la table comme si vous rattrapiez quelque chose et remontez le verre. Le bruit de votre main sur la table procurera un choc à tout le monde mais pas un aussi gros choc que de voir le verre sortir de sous la table.

QUE S'EST-IL PASSÉ ?

Votre assistante dans ce tour (comme dans ceux qui vont suivre), c'est la mystérieuse force de **gravité**. Quand vous avez desserré votre prise sur le journal, c'est la gravité qui a fait tomber le verre sur vos genoux.

Les magiciens font souvent des tours qui « défient » la gravité : la lévitation (des gens qui flottent dans les airs), le Tour de la Corde Hindoue (monter sur une corde qui « flotte » dans les airs), les balles qui flottent dans les airs et jonglent toutes seules... Mais qu'est-ce que la gravité, exactement ? Et comment fonctionne-t-elle ?

LA POMME DE NEWTON

Ce qui est drôle, c'est que, avant Isaac Newton, personne ne savait que la gravité existait. Ça ne veut pas dire que tout le monde flottait dans les airs en attendant que quelqu'un invente la gravité. C'est juste qu'on en avait une idée fausse.

Un jour de 1665, Isaac Newton, qui avait 23 ans, s'assit sous un arbre pour réfléchir un peu. À cette époque, la meilleure « explication » à la chute des objets en direction du sol était celle qu'Aristote, le philosophe grec, avait donnée 2 000 ans auparavant.

Aristote avait dit que les objets décidaient de tomber. Les pommes tombaient des arbres parce qu'elles avaient très envie de retourner là d'où elles venaient – à la Terre.

Alors que Newton était assis à regarder les pommes dans l'arbre, il réalisa soudainement qu'Aristote avait compris les choses à l'envers. Les pommes n'avaient aucune envie de tomber, elles se sentaient très bien là où elles étaient. Mais elles étaient attirées par une force invisible – la force de gravité.

Une pensée très simple – mais qui allait à l'encontre de la science de l'époque. Tout trouvait soudainement une explication – pourquoi la Lune tourne autour de la Terre, pourquoi la Terre tourne autour du Soleil et pourquoi tous sont ronds. Newton résolut même le problème des balles de Galilée.

LES BALLES MAGIQUES DE GALILÉE

Galileo Galilei vécut 100 ans avant Newton. Comme Newton, il voulait comprendre pourquoi les objets tombent vers le sol. Il réalisa une série d'expériences et découvrit quelque chose d'assez curieux : les objets lourds tombent à la même vitesse que les objets légers. Cela semblait bizarre. Tout le monde savait que les objets lourds tombent plus vite que les objets légers. C'était du bon sens.

D'un autre côté, personne n'avait jamais vraiment fait l'expérience. Dans ce monde, on ne voyait pas l'intérêt de tester les choses par l'expérience. Seuls les rabat-joie ruinaient les bonnes vérités scientifiques en les testant.

Personne ne crut Galilée quand il annonça que tout le monde se trompait. Il fit donc une démonstration simple. Il monta tout en haut de la tour penchée de Pise avec deux balles : une lourde et une légère. Il les lâcha en même temps.

Elles arrivèrent au sol en même temps.

Si Galilée espérait que tout le monde le remercierait pour cette découverte, il se trompait complètement. Il fut harcelé toute sa vie par les vieux schnoques qui croyaient qu'il avait conclu un pacte avec le démon ! Sa démonstration ressemblait à de la magie noire car elle remettait en cause 1 000 ans de pensée rationnelle. Une centaine d'années plus tard, la théorie de la gravitation toute neuve mise sur pied par Newton prouva finalement que Galilée avait raison.

Avec un peu de chance, vous ne recevrez pas le même accueil après avoir fait le prochain tour.

Tour de Magie

La gravité de la situation

L'EFFET

Seul un magicien ou une magicienne peut lâcher un bout de papier et une pièce et les faire arriver au sol en même temps.

VOUS AVEZ BESOIN DE...

- Une grande pièce de monnaie
- Deux bouts de papier légèrement plus petits que la pièce

DÉROULEMENT DU TOUR

Demandez à votre public si quelqu'un pense qu'une pièce et un bout de papier lâchés de la même hauteur peuvent arriver au sol au même moment. Montrez combien c'est difficile en les lâchant côte à côte : le papier voltige et atterrit plusieurs secondes après la pièce. (Venez-vous de prouver que Galilée avait tort ? Continuez de lire...)

La solution consiste à chiffonner le bout de papier et le mettre en forme de boule. Lâchez la boule de papier en même temps que la pièce. Elles atterrissent en même temps.

Peut-on obtenir le même résultat sans chiffonner le papier ? Mettez la feuille sur le dos de la pièce et lâchez-les. Elles atterrissent en même temps.

QUE S'EST-IL PASSÉ ?

La première fois, le papier a mis beaucoup de temps à tomber car il a été ralenti par l'air. Une fois chiffonné, il a rencontré moins de résistance de la part de l'air et il est donc tombé plus vite.

Quand le papier est tombé sur le dos de la pièce, la pièce a poussé l'air sur les côtés et a permis au papier de tomber à sa vitesse naturelle.

Dans les années soixante-dix, pendant une des missions Apollo à destination de la Lune, les astronautes ont refait la démonstration de Galilée en lâchant une plume et une balle. Comme il n'y avait pas d'air, la plume est tombée comme une pierre et a touché le sol en même temps que la balle.

Tour de Magie

Déroutant !

Alors, comme ça, tout tombe à la même vitesse ? Que dire de l'expérience suivante ?…

On met un pistolet à 3 mètres au-dessus du sol et on le fait pointer dans une direction horizontale. En même temps que l'on tire, on lâche une balle de la même hauteur. Laquelle touche le sol la première, la balle ou la balle du pistolet ?

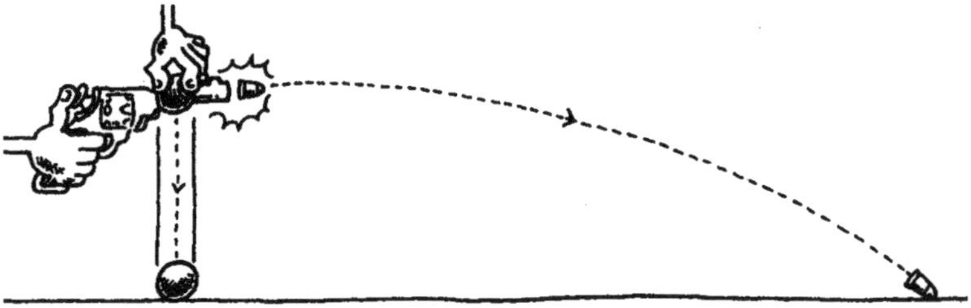

RÉPONSE

C'est incroyable mais elles atterrissent en même temps, bien que la balle du pistolet atterrisse un kilomètre plus loin. Dès que la balle quitte le canon du pistolet, la gravité commence à l'attirer vers le sol. Quelle que soit la vitesse, Galilée est là !

LE CENTRE DE GRAVITÉ

Le **centre de gravité** d'un objet est le point autour duquel le poids de cet objet est réparti.

Si le centre de gravité d'un objet est au-dessus de son point d'appui, il ne tombe pas.

S'il n'est pas au-dessus du point d'appui, l'objet bascule.

La plupart des gens peuvent dire où le « milieu » d'un objet se trouve. Où du moins c'est ce qu'ils croient. On peut parfois avoir des surprises.

Prenons par exemple une débroussailleuse. La plupart du poids se trouve à l'arrière. Quand on la soulève, on la prend naturellement par l'arrière.

Mettez-la dans un paquet cadeau et ça commencera à avoir l'air bizarre.

Si vous mettez le paquet en équilibre sur un mur, c'est magique.

Tour de Magie

La bouteille en équilibre

C'est un tour à réaliser calmement pendant un repas lorsqu'il y a une nappe sur la table.

L'EFFET

Le magicien ou la magicienne met une bouteille en équilibre sur le bord et semble défier la gravité.

VOUS AVEZ BESOIN DE...

- Une bouteille de vin à moitié pleine
- Une allumette
  ou un cure-dents

PRÉPARATION SECRÈTE

Quand personne ne regarde, glissez l'allumette sous la nappe. Faites-le bien avant de réaliser ce tour de magie.

DÉROULEMENT DU TOUR

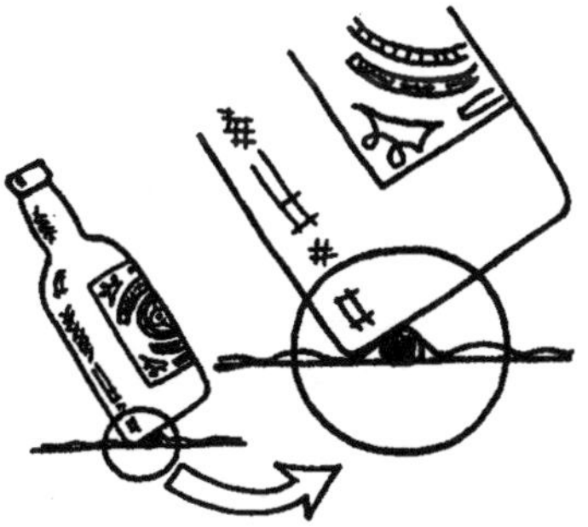

Penchez la bouteille en l'appuyant sur l'allumette, comme le montre le dessin ci-contre. Vous verrez qu'il y a un point où, grâce à l'allumette, la bouteille restera en équilibre. (Il vous faudra un peu de temps pour réaliser cet équilibre ; attendez que tout le monde soit occupé.) Lâchez doucement la bouteille et elle restera ainsi, à un angle impossible. (N'écartez pas trop les mains ; il n'y a que l'allumette pour retenir la bouteille. La magie du tour sera gâchée si la bouteille se renverse et se vide sur la table.) Si personne ne bouscule la table, la bouteille restera en équilibre jusqu'à ce que tout le monde la voie et reste bouche bée.

QUE S'EST-IL PASSÉ ?

On dirait que la gravité ne remplit pas son rôle. Normalement, la bouteille aurait dû tomber mais elle semblait flotter.

Ce que ce tour montre, c'est qu'il y a plusieurs façons de mettre un objet en équilibre au-dessus de son centre de gravité. Nous n'en utilisons que quelques-unes. Les jongleurs en utilisent quelques autres...

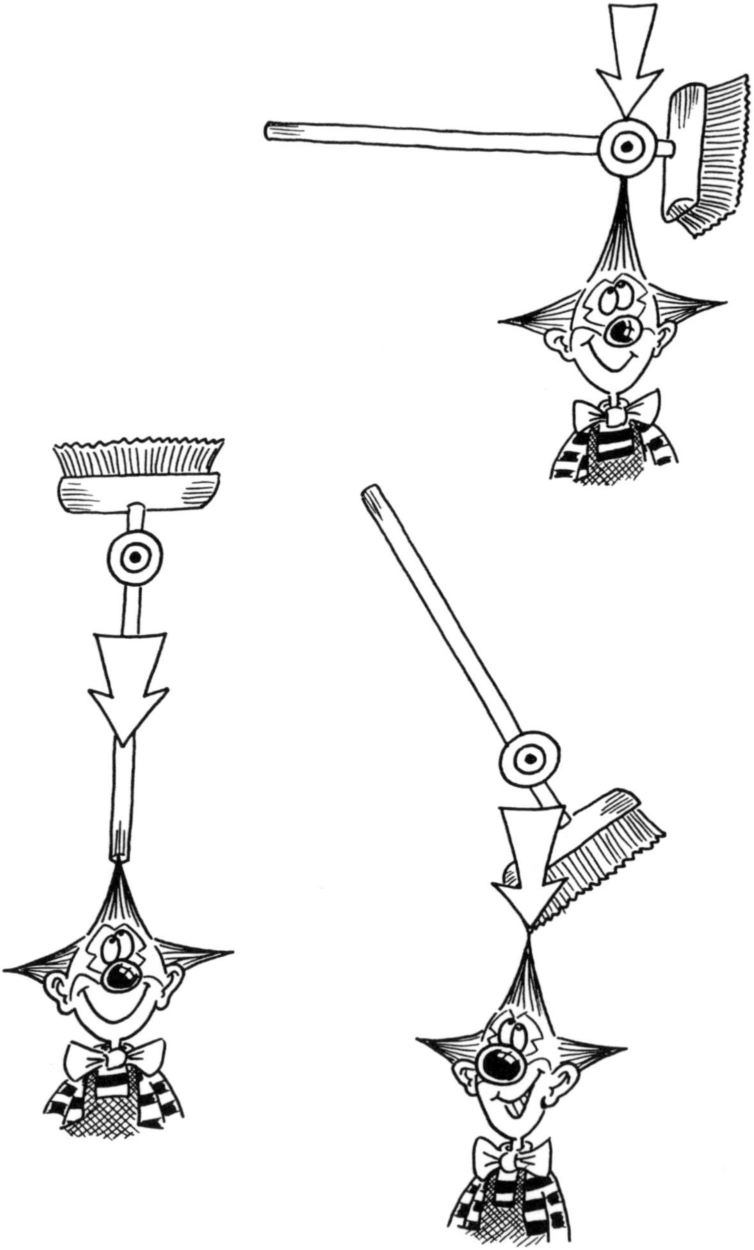

Tour de Magie

La canette qui n'en fait qu'à sa tête

Tout le monde pense savoir où le centre de gravité d'une canette ou d'une boîte de conserve se trouve. Ce tour surprendra complètement ton public.

L'EFFET

Le magicien ou la magicienne fait revenir une boîte de conserve en l'appelant.

VOUS AVEZ BESOIN DE...

- Une boîte de conserve vide (plus elle grande, mieux c'est)
- Un poids (petit mais lourd; 4 gros clous devraient suffire pour une petite boîte de conserve)
- De l'adhésif double face ou de la Patafix®

PRÉPARATION SECRÈTE

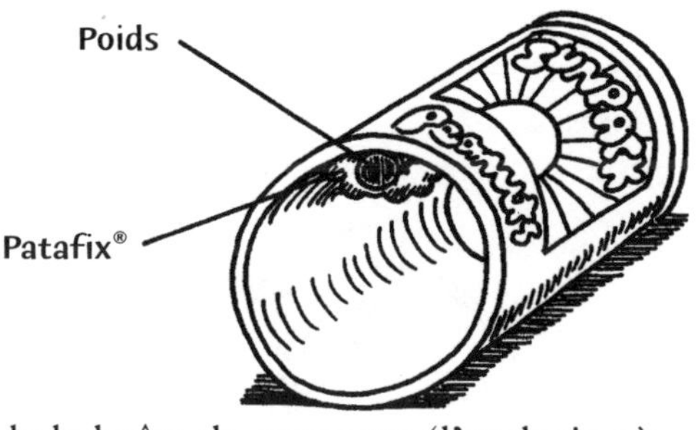

Collez le poids à l'intérieur de la boîte de conserve en utilisant l'adhésif ou la pâte. Remettez le couvercle (si vous ne l'avez pas, fabriquez-en un nouveau en carton). Trouvez le nouveau centre de gravité de la boîte de conserve (l'endroit où elle est en équilibre) et mettez une petite marque à l'extérieur pour vous en souvenir.

DÉROULEMENT DU TOUR

Au départ, cachez votre boîte de conserve. Dites à votre public : « J'aurais vraiment aimé avoir un chien pour Noël. Ou un chat. Ou même un poisson rouge. Mais voici ce qu'on m'a offert. »

Sortez la boîte de conserve et poursuivez votre discours : « Je ne dis pas que ce n'est pas une boîte de conserve chaleureuse. Elle n'est pas très exigeante. Elle n'a pas besoin de beaucoup d'affection. Faire sa toilette est rapide. Mais ce n'est pas aussi agréable de lui faire des câlins. Assis ! Bonne boîte de conserve !... C'est à peu près tout. Ah, si, elle revient quand même quand on l'appelle. »

Mettez la boîte de conserve sur le côté en plaçant le poids en haut, légèrement éloigné de vous. Puis dites : « Par ici ! » et relâchez-la. Elle va s'éloigner. Rattrapez-la rapidement, remettez-la dans la même position. Dites, plus fermement cette fois : « Viens par ici ! » et lâchez-la à nouveau. La boîte de conserve va encore s'éloigner de vous. Enfin, remettez-la en position mais orientez le poids légèrement dans votre direction et dites : « Qui veut des biscuits ? ». Cette fois, quand vous la relâcherez, elle roulera vers vous. Ramassez-la rapidement, caressez-la et reposez-la.

QUE S'EST-IL PASSÉ ?

En ajoutant du poids d'un côté, vous avez déplacé le centre de gravité de la boîte de conserve. Lorsque son centre de gravité est en haut, la boîte de conserve est instable. Elle roule vers vous ou en s'éloignant de vous selon le côté duquel le poids se trouve.

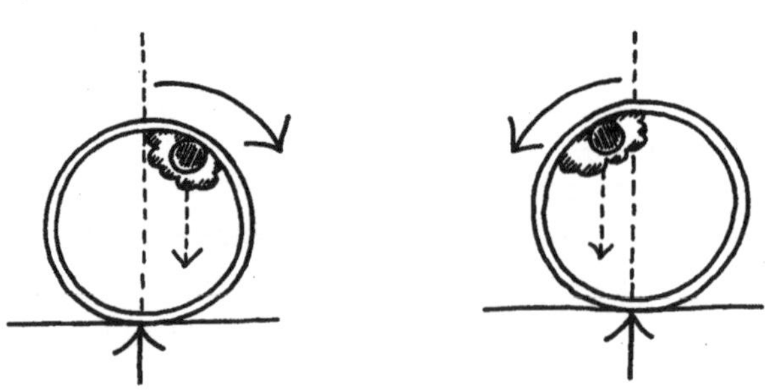

Tour de Magie

Papillonne, petit papillon

Une fois encore, le centre de gravité ne se trouve pas à l'endroit où on l'attend.

L'EFFET

Le magicien ou la magicienne fait flotter un papillon dans les airs.

VOUS AVEZ BESOIN DE...

- Du papier et un crayon
- Du carton (une carte postale fera l'affaire)
- Deux pièces de 1 euro.
- De la Patafix®
- Des ciseaux
- Un pinceau et de la peinture

RÉALISATION

Pliez la feuille en deux. Dessinez un demi-papillon le long du pli puis découpez-le. Vous pouvez utiliser le dessin ci-dessous.

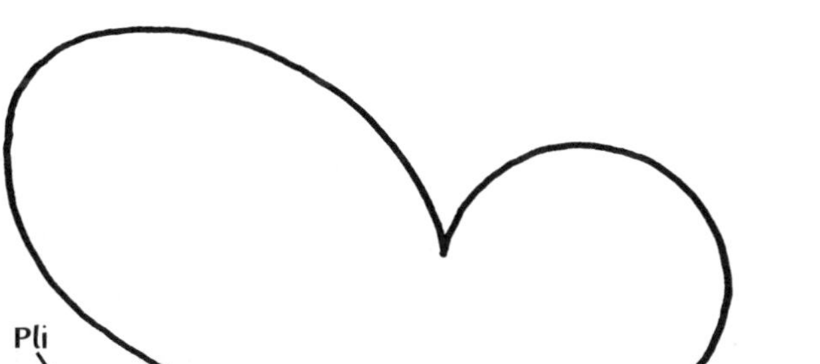

Lorsque vous ouvrirez le papier, vous obtiendrez un papillon symétrique. Placez-le sur le carton et dessinez-en les contours puis découpez-le à nouveau. Peignez votre papillon et utilisez la pâte adhésive pour fixer une pièce sous chaque aile, complètement à l'avant.

DÉROULEMENT DU TOUR

Si vous mettez le nez du papillon en équilibre sur le coin d'une étagère ou sur le dossier d'une chaise, il flottera dans les airs.

QUE S'EST-IL PASSÉ ?

En mettant les deux pièces lourdes à l'avant du papillon, vous avez déplacé son centre de gravité vers l'avant, sous son nez.

L'INERTIE

Grâce à Newton, nous savons comment la gravité fonctionne. Nous ne savons toujours pas ce qu'*est* la gravité – quand nous aurons compris, il y aura des canettes de gravité en vente dans les supermarchés – mais nous savons de façon certaine que les objets ne tombent pas parce qu'ils en ont subitement envie.

En fait, les objets n'ont aucun désir de faire quoi que ce soit de particulier. Emmenons Newton, le pommier et la pomme dans l'espace, où il n'y a pas de gravité : la pomme restera à sa place pour toujours, accrochée à sa branche. (Vous feriez bien d'envoyer un jus de fruit et quelques biscuits à Isaac de temps en temps, ou il ne tiendra pas longtemps !)

Comme Isaac Newton l'a dit, un objet reste immobile à moins qu'une force extérieure ne vienne le perturber. Cette tendance qu'ont les objets à rester immobiles est appelée **inertie**.

La capacité d'un magicien ou d'une magicienne à l'exploiter est appelée **habileté**.

Tour de Magie

Hypnotiser un livre

Ce tour fait appel à votre habileté et à l'inertie.

L'EFFET

Le magicien ou la magicienne hypnotise une pile de livres. Ils ne se réveillent pas quand il ou elle retire la feuille de papier qu'il y a en-dessous.

VOUS AVEZ BESOIN DE...

- Quelques livres (pas trop précieux)
- Une feuille de papier

DÉROULEMENT DU TOUR

Demandez aux gens de votre public de retirer une feuille de papier glissée sous un livre sans le faire bouger. Ils trouveront ça quasiment impossible. Même ceux qui connaissent la bonne technique feront un petit peu bouger le livre.

Dis-leur que vous pouvez hypnotiser le livre ; et pas juste un mais deux... trois... quatre... dix livres en même temps pour ne pas qu'ils sentent quand vous retirez la feuille.

Empilez soigneusement les dix livres (ou le nombre de livres qui vous plaira) sur la feuille. Hypnotisez-les en passant vos bras au-dessus et en disant : « Vos paupières sont lourdes… très lourdes… vous avez sommeil… ». Tirez ensuite horizontalement sur la feuille, aussi vite que vous pouvez. Les livres resteront où ils sont.

QUE S'EST-IL PASSÉ ?

Vous verrez que le papier glissera assez facilement si vous le tirez rapidement. Plus vous tirerez vite, moins les livres auront de temps pour bouger en réaction et donc plus l'inertie les maintiendra immobiles. Plus de livres signifie plus de poids et donc plus d'inertie : il est ainsi plus facile de réaliser ce tour avec dix livres qu'avec un !

Entraînez-vous avant de faire ce tour en public; vous devriez assez vite devenir un(e) expert(e). Il y a des histoires sur des magicien(ne)s tirant des nappes sur des tables avec des repas entiers. Mais entraînez-vous encore un peu !

Tour de Magie

Le coup du coude

Mettez une pièce sur votre coude, comme le montre le dessin ci-dessous.

Essayez maintenant de rattraper la pièce avec la même main.

Si vous êtes suffisamment rapide, vous réussirez à la rattraper avant que la gravité l'ait trop éloignée.

Quand vous maîtriserez la technique avec une pièce, essayez avec plusieurs. Quel est votre record ?

Tour de Magie

Classer des pions

L'EFFET

Il faut trier des pions (de dames, par exemple) blancs et noirs. Le magicien ou la magicienne peut les trier en 10 secondes.

VOUS AVEZ BESOIN DE...

- Des pions de deux couleurs différentes
- Une règle

DÉROULEMENT DU TOUR

Empilez les pions en alternant les noirs et les blancs. Cachez la règle pour l'instant.

Demandez au public combien de temps, selon eux, vous faudrait-il pour les trier selon leur couleur ? Puis dites avec assurance : « Voyons maintenant combien de temps il me faut. »

Sortez maintenant la règle, posez-la à plat sur la table et faites-la glisser de gauche à droite comme un essuie-glace devenu fou. Les pions blancs seront poussés d'un côté et les noirs, de l'autre.

QUE S'EST-IL PASSÉ ?

Si vous êtes suffisamment rapide, l'inertie de la pile de pions la maintiendra en place jusqu'à ce que vous ayez trié tous les pions.

Tour de Magie

Arrêtez cette carte !

L'inertie ne concerne pas que les objets statiques. Newton a dit que les objets gardent un mouvement en ligne droite et à la même vitesse tant qu'ils ne subissent pas de force extérieure. Nous allons nous en servir dans le prochain tour.

L'EFFET

Un(e) volontaire choisit une carte et la remet dans le paquet. Le magicien ou la magicienne lance ensuite le paquet mais fait revenir la carte choisie.

VOUS AVEZ BESOIN DE...

- Dix cartes à jouer
- Un mètre de fil sombre
- Des vêtements sombres pour votre représentation, pour que le fil noir ne se voie pas
- De la pâte à fixer comme la Patafix®
- Du ruban adhésif

PRÉPARATION SECRÈTE

Attachez une extrémité du fil avec le ruban adhésif juste devant vous. Attachez une petite boule de pâte à fixer à l'autre extrémité.

Quand l'heure de faire le tour est arrivée, gardez cette petite boule entre les doigts, comme le montre le dessin ci-contre. Laissez votre main près de la table pour ne pas montrer le fil.

DÉROULEMENT DU TOUR

Dites : « Je ne vais *pas* vous présenter un tour de cartes. Voici le tour de cartes que je ne vais pas vous faire. Pouvez-vous vous approcher et prendre une carte, s'il vous plaît ? »

Étalez les cartes mais déposez-les près du bord de la table pour cacher le fil.

« Merci. Mémorisez cette carte et rendez-la moi. »

Prenez la carte et mettez-la au milieu du paquet en fixant discrètement la boule de pâte dessus. Gardez les cartes près de la table, en éventail.

« Maintenant, je sais où votre carte se trouve. Vous savez où votre carte se trouve. Mais les cartes savent-elles où votre carte se trouve ? Voyons si elles peuvent nous le dire. » Dites ensuite aux cartes : « Très bien, vous pouvez partir, sauf la carte choisie ! »

Lancez-les vers le haut sur votre gauche. Elles s'envoleront toutes sauf celle qui est attachée, qui tombera dans votre main.

QUE S'EST-IL PASSÉ ?

Le fil a empêché la carte attachée de s'envoler. Ce qui a arrêté les cartes, une seconde après environ, c'est un peu de résistance de l'air et beaucoup de gravité. Sans ces deux-là, les cartes auraient continué à voler à jamais en direction des étoiles. Le fil a donc eu un effet similaire à celui de la gravité : il a dévié la carte de sa trajectoire naturelle.

Tour de Magie

La première tasse en orbite

Voici un autre tour étonnant qui défie la gravité.

L'EFFET

Le magicien ou la magicienne envoie une boisson sur orbite sans en renverser une goutte.

VOUS AVEZ BESOIN DE...

- Un gobelet en plastique
- Une vieille assiette en plastique (aussi petite que vous voudrez mais qui ne se casse pas)
- De l'eau
- 3 bouts de ficelle de 40 centimètres chacun environ
- Du ruban adhésif

PRÉPARATION SECRÈTE

Fixez les bouts de ficelle sous l'assiette comme le montre le dessin ci-dessous. Ajustez les longueurs pour qu'elles soient toutes égales et attachez-les en haut.

DÉROULEMENT DU TOUR

Remplissez le gobelet d'eau et posez-le sur l'assiette. Tenez le tout comme sur le dessin.

Faites maintenant tourner l'ensemble – lentement au début puis de plus en plus vite jusqu'à ce que tout tourne en cercle autour de votre tête.

Le public sera étonné mais pas mouillé (toute l'eau reste dans le gobelet).

Maintenant, il faut arrêter le tout. Cela peut être plus délicat mais, en ralentissant progressivement, vous y parviendrez. Ensuite, prenez le gobelet et buvez pour prouver qu'il n'était pas collé à l'assiette.

QUE S'EST-IL PASSÉ ?

Si vous aviez lâché la ficelle, l'assiette aurait continué tout droit. Mais les ficelles tiraient constamment dessus. Le gobelet, qui voulait aussi partir tout droit, était en permanence rappelé par l'assiette. De même, le gobelet empêchait l'eau de partir.

Tous les objets étaient attirés vers l'extérieur mais rappelés vers l'intérieur. La force artificielle qu'ils subissaient, dirigée vers l'extérieur, est appelée **force centrifuge**.

Rappelez-vous les virages serrés en voiture. L'inertie des passagers les envoie tout droit mais les portes de la voiture les forcent à tourner. Les passagers sentent qu'ils sont poussés vers les portes de la voiture. C'est la force centrifuge.

POURQUOI LA TARTINE TOMBE TOUJOURS DU MAUVAIS CÔTÉ

Les lois de Murphy font partie des lois les plus importantes des sciences. La première loi de Murphy dit que « tout ce qui peut mal tourner tourne mal. » De nombreuses autres lois en découlent, comme « les autres files d'attente avancent toujours plus vite que la vôtre » et « un objet se trouve au dernier endroit où on le cherche ». La plus célèbre de toutes est sans doute que « la tartine tombe toujours du mauvais côté. » C'est l'inertie qui est à la base de cette loi.

Au moment où la tartine bascule au bord de l'assiette, elle commence à tourner. Pendant la chute, la rotation continue à cause de l'inertie ; ainsi, quand elle arrive sur le sol tout propre, la tartine a fait un demi-tour – elle est à l'envers. Si le sol était plus bas, la rotation continuerait et la tartine atterrirait du bon côté. La conclusion scientifique de cette expérience est qu'il faut porter des échasses quand on mange des tartines.

LES LEVIERS

De tous les objets mécaniques que l'on trouve autour de soi, celui que l'on trouve partout, c'est le levier. Il y en a dans les poignées, les interrupteurs, les ouvre-boîtes, les ouvre-bouteilles, etc. Voici un tour de magie qui montre combien les leviers sont utiles.

Tour de Magie

Élever une famille

L'EFFET

La plus petite personne de votre entourage peut soulever la plus grande.

VOUS AVEZ BESOIN DE...

- Un long bout de bois (3 mètres environ; il faut qu'il soit solide – une planche ou ce que l'on appelle un « tasseau », un bout de bois de 5 centimètres par 5, feront l'affaire)
- Une brique ou un bloc d'à peu près la même taille

DÉROULEMENT

Demandez à la plus petite personne du public (il faut qu'elle ait au moins cinq ans) de se porter volontaire. Demandez à la plus grande personne de se porter également volontaire. Demandez à la plus petite si elle pense pouvoir soulever la plus grande. Demandez à la plus grande. Demandez à tout le monde. Personne ne pensera que c'est possible.

Demandez alors à la plus petite d'essayer. (Si vous avez une baguette, agitez-la dans les airs.) Ça ne servira bien sûr à rien. La personne plus grande restera fermement attachée au sol.

Apportez maintenant votre bout de bois magique – beaucoup plus gros et beaucoup plus efficace que votre vieille baguette magique. Placez-le de façon à ce qu'il pivote sur la brique comme le montre le dessin ci-dessous, demandez à la plus grande personne de s'asseoir du côté court et demandez à la plus petite d'appuyer sur l'autre extrémité, puis regardez la force incroyable du plus petit, qui réussit à soulever le plus grand !

ARCHIMÈDE, LE ROI DU LEVIER

Bien que les leviers soient utilisés depuis des milliers d'années, Archimède fut le premier à réaliser les choses incroyables que l'on peut faire avec. Il vivait en Sicile, au large de l'Italie, il y a plus de 2000 ans – il y a tellement longtemps que le fer était alors un gadget tout neuf.

Les inventions incroyables d'Archimède étaient souvent utilisées pour défendre sa ville natale, qui était en permanence attaquée par les brutes de l'Empire Romain. Une de ses machines les plus célèbres était un crochet

géant que l'on attachait à un navire de guerre avant de le soulever facilement hors de l'eau grâce à un grand levier. Les puissantes armées romaines avaient beaucoup de respect pour le petit génie qui les empêchait de gagner.

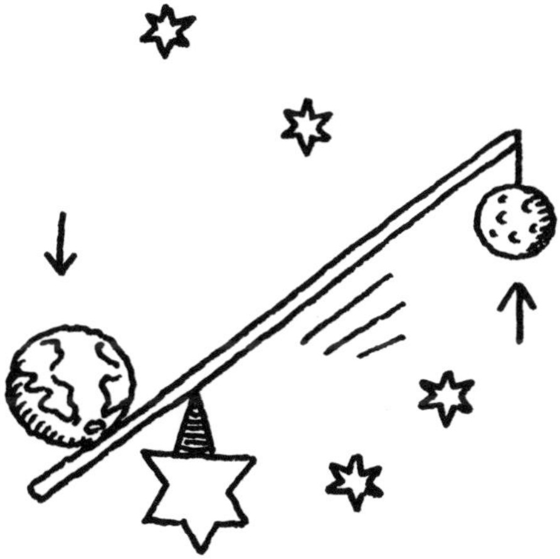

Archimède pensait qu'il n'y avait aucune limite à ce que l'on peut faire avec un levier. Sa citation la plus célèbre est : « Donnez-moi un point d'appui et un levier et je soulèverai la Terre. » Il avait parfaitement raison mais il faudrait se placer très, très loin.

Quand les armées romaines parvinrent enfin à percer les défenses d'Archimède et à prendre la ville, un soldat le trouva chez lui, penché sur ses papiers à travailler sur un traité mathématique. Au lieu d'implorer la pitié ou de se rendre, il dit simplement : « Ne dérange pas mes diagrammes ! » Le soldat le tua immédiatement. Mais les découvertes d'Archimède lui ont survécu. Nous les utilisons tout le temps.

Une invention pour laquelle nous devrions lui être éternellement reconnaissants, c'est la poulie composée. Si vous ne savez

pas ce qu'est une poulie composée, vous n'allez pas tarder à le découvrir…

Tour de Magie

Oh hisse !

L'EFFET

La plus petite personne dans la pièce a une autre tâche. Cette fois, elle sera opposée non pas à LA plus grande personne mais aux DEUX plus grandes.

VOUS AVEZ BESOIN DE...

- Deux manches à balai
- Environ 6 mètres de corde

DÉROULEMENT

Une fois que vous avez trouvé vos trois assistants, dites-leur qu'il s'agit d'une épreuve de tir à la corde : les deux grands contre le petit. Demandez-leur qui va gagner. (Aucun doute, ils vont se tromper.)

Enroulez la corde autour des manches à balai comme le montre le dessin ci-dessous. Demandez aux deux grandes personnes de tenir les manches par leurs extrémités de façon à ce que la corde glisse facilement. Tout ce qu'elles ont à faire, c'est maintenir les manches à la même distance. L'enroulement de la corde fait que, malgré tous leurs efforts, les grandes personnes ne pourront pas maintenir les manches écartés. Le petit ou la petite n'a plus qu'à saluer ses admirateurs !

QUE S'EST-IL PASSÉ ?

Vous avez réalisé une version rudimentaire de la poulie composée d'Archimède, un appareil utilisé dans des centaines de pays de milliers de façons différentes et plus d'un million de fois par jour depuis la mort d'Archimède. L'idée qui se cache derrière la poulie et le levier est d'échanger un déplacement court nécessitant un effort important par un grand déplacement nécessitant un effort faible.

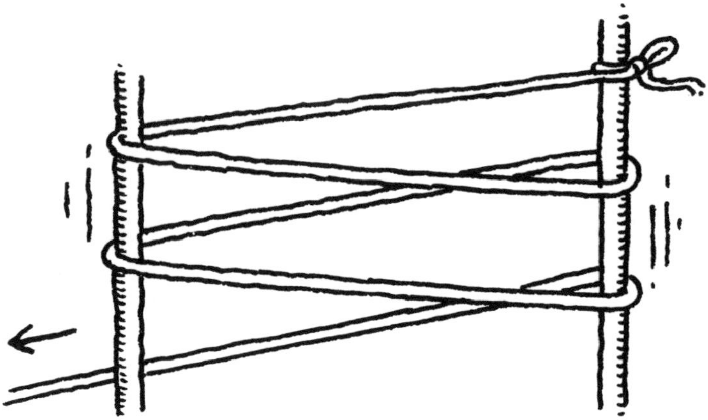

Les grands leviers rendent des tâches difficiles faciles : casser des noix, par exemple. L'inverse est également vrai : on peut transformer un petit mouvement en un grand pour faire un autre tour de magie...

Tour de Magie

Les allumettes électriques

L'EFFET

Le magicien ou la magicienne donne une charge électrostatique à des allumettes. Une fois chargées, les allumettes se repoussent. Pour faire sa démonstration, le magicien ou la magicienne approche une allumette de l'autre, qui part à toute vitesse. Personne ne peut faire la même chose.

VOUS AVEZ BESOIN DE...

- Des allumettes

PRÉPARATION SECRÈTE

Le discours sur les charges électrostatiques est faux et sert uniquement à perturber le public. Ce que vous faites en réalité, c'est donner une pichenette aux allumettes avec votre doigt mais de façon discrète pour que personne ne le voie.

Voici comment tenir l'allumette. Prenez-la presque en bas avec votre pouce et votre index (c'est le pivot). Tenez-la fermement. Laissez dépasser un petit bout d'allumette sous vos doigts. Votre majeur peut appuyer sur l'allumette puis la relâcher. Ce tout petit mouvement du doigt du côté court de l'allumette se traduit par une grande pichenette à l'autre extrémité.

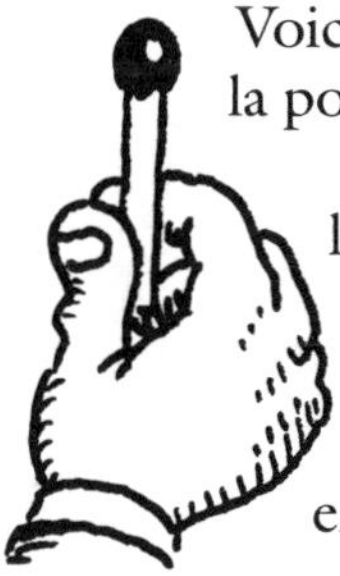

Voici comment vous voyez votre main lorsque vous la posez sur la table (si vous êtes droitier/droitière). Remarquez que vous ne pouvez faire bouger l'allumette que dans une direction. Quand vous le faites bien, le mouvement est complètement invisible – l'action du doigt en bas de l'allumette crée un petit mouvement et la pichenette en haut est si rapide que personne ne peut la voir.

DÉROULEMENT

À partir de maintenant, tout est une question de baratin. En disant les bonnes choses au bon moment, vous pouvez maintenir ton public en haleine aussi longtemps que vous le voulez. Dites-leur que les charges électrostatiques sont comme des aimants. Elles peuvent attirer, comme elles attirent des magnets vers une porte de réfrigérateur, par exemple, ou elles peuvent repousser comme… eh bien comme ces allumettes ! Pour « charger » votre allumette, frottez-la sur vos vêtements. Elle peut maintenant « repousser » les allumettes sur la table.

Quand les spectateurs dans le public n'arrivent pas à faire de même, essayez de leur faire frotter l'allumette sur leurs vêtements puis sur les vêtements des autres… peut-être qu'ils devraient tenir leur allumette autrement…

Tour de Magie

Prenez votre pouls

Il y a un point sur votre poignet où vous pouvez sentir les battements de votre cœur. C'est ce que l'on appelle le **pouls**. Ce n'est qu'un tout petit mouvement mais, en utilisant un effet de levier, vous pourrez le voir clairement.

Mettez une allumette sur une punaise comme le montre le dessin ci-contre. Trouvez le point exact sur votre poignet où votre pouls est le plus fort et posez-y la punaise. Le bout de l'allumette bougera de façon visible.

(Pour trouver votre pouls, utilisez trois doigts en même temps – index, majeur et annulaire – plutôt que votre pouce. C'est beaucoup plus rapide.)

Tour de Magie

L'allumette indestructible

Si augmenter la longueur du levier peut tous nous rendre très forts, l'inverse est également vrai. Sans les forces de leviers, nous aurions bien des problèmes. Pourriez-vous ouvrir une porte si la poignée était à côté des gonds, de l'autre côté de la porte ? Pouvez-vous casser une allumette ? Pas si vous la tenez comme ceci…

Tour de Magie

La boîte qui obéit

Beaucoup de tours de magie reposent sur la force cachée des leviers. Ce tour est simple mais spectaculaire.

L'EFFET

Le magicien ou la magicienne parvient à faire lever une boîte sur commande.

VOUS AVEZ BESOIN DE…

- Une boîte d'allumettes
- Un mouchoir en tissu

PRÉPARATION SECRÈTE

Utilisez une allumette pour fixer un petit morceau du mouchoir entre le tiroir et le bord de la boîte, comme sur le dessin. Si le mouchoir n'est pas trop fin et pas trop bien repassé, le petit pli sera invisible.

DÉROULEMENT

Mettez le mouchoir sur la table puis posez la boîte horizontalement. Tenez le mouchoir des deux côtés.

Essayez maintenant de faire lever la boîte. Il est important de rater plusieurs fois – cela fait monter le suspense. Dites : « Assis… c'est l'heure de la promenade… miam miam, qui veut un biscuit ?… D'accord, fais le mort. »

C'est ce dernier ordre qui marche. Tirez simplement sur les bords du mouchoir, vers l'extérieur. Le petit mouvement du mouchoir suffit à mettre la boîte debout.

Comme c'est touchant

LE CORPS HUMAIN

Il n'y a pas que les yeux que l'on puisse tromper. Voici quatre méthodes pour tromper notre sens du toucher.

S'ENTORTILLER LES DOIGTS

Croisez les bras devant vous, tournez vos mains vers l'intérieur, croisez les doigts des deux mains et remontez-les vers votre poitrine, comme le montrent les dessins. Demandez maintenant à quelqu'un de vous montrer un de vos doigts (sans le toucher). Pouvez-vous le faire bouger ? Votre cerveau embrouille ses messages et se perd dans votre propre corps.

ÉCRIRE A L'ENVERS

Faites-le vite ou vous n'arriverez pas à tromper votre corps suffisamment longtemps. Mettez un bout de papier sur votre front et écrivez ENDROIT dessus. Quand vous lirez le papier, vous verrez que vous avez écrit ENDROIT à l'envers.

TROIS PETITS TOURS ET PUIS S'EN VONT...

Pour faire ce tour, suivez les dessins comme si vous vous regardiez dans un miroir.

Ouvrez votre main, paume vers le haut.

Remontez votre main en direction de l'épaule.

Faites-la descendre le long de la poitrine.

Ramenez-la devant vous.

Remontez-la
en direction de l'épaule,
comme tout à l'heure.

Faites-la descendre le long
de la poitrine, comme
tout à l'heure.

Et ramenez-la devant vous,
comme tout à l'heure…
mais différemment ! La paume
de votre main est maintenant
orientée vers le sol.

DU NERF !

Vous avez besoin de deux crayons à papier pointus mais pas trop.

Demandez à quelqu'un de fermer les yeux. Posez maintenant les deux crayons sur la peau de sa main en même temps, à environ un centimètre de distance. Demandez-lui combien de points il ou elle sent. Recommencez en rapprochant un peu les crayons et continuez jusqu'à ce que votre cobaye ne sente plus qu'un point.

Essayez à différents endroits : l'avant-bras, le bras, le bout des doigts puis – le clou du spectacle – le dos. Vous constaterez que, même si vous éloignez les deux pointes de deux centimètres, votre cobaye ne sentira qu'un point.

Nous avons moins de nerfs sensitifs dans le dos et ils sont plus éloignés. Il est beaucoup plus important de savoir ce qui se passe au niveau de nos doigts, c'est la raison pour laquelle nous avons des millions de nerfs à cet endroit.

Tour de Magie

Pur hasard

Vous utilisez vos doigts extrasensibles pour ce tour.

L'EFFET

Lorsqu'il ou elle lance une pièce, le magicien ou la magicienne est capable de prédire si c'est pile ou face.

VOUS AVEZ BESOIN DE...

- Une pièce de 1 euro ou 2 euros, française de préférence.

DÉROULEMENT DU TOUR

Il faut préparer votre public pour ce tour. Parlez-leur des lancers de pièces ; dites-leur combien il est difficile de prédire à chaque fois si c'est pile ou face qui va sortir. En fait, on peut s'attendre à deviner une fois sur deux.

Commencez alors à lancer et à deviner.

Rattrapez toujours la pièce avec une main, puis posez-la sur le dos de votre autre main, comme sur le dessin ci-contre.

L'astuce a lieu juste après que vous avez rattrapé la pièce. Vous passez le pouce sur l'arrière de la pièce. Le côté pile est plus lisse que le côté face.

Les millions de nerfs de votre pouce peuvent sentir cette toute petite différence.

Vous pouvez deviner à chaque fois.

Tour de Magie

Presque !

Voici un tour qui montre combien notre cerveau fonctionne lentement.

L'EFFET

Nous sommes incapables de rattraper un livre même lorsqu'il pend entre nos doigts.

VOUS AVEZ BESOIN DE...

- Ce livre

DÉROULEMENT DU TOUR

Faites ce tour au-dessus d'un lit pour ne pas abîmer le livre. Tout ce que votre cobaye aura à faire, c'est attraper le livre.

Tenez le livre entre son pouce et son index. Le bas du livre se trouve au niveau de ses doigts. Dès que vous lâcherez le livre, il ou elle devra le rattraper.

Cela semble assez facile mais votre victime n'y arrivera pas. Le livre passera toujours entre ses doigts avant qu'elle ait pu le toucher.

QUE S'EST-IL PASSÉ ?

Ce tour nous montre une petite partie du fonctionnement du cerveau. Voici ce qui se produit :

1. les yeux voient la main lâcher le livre;
2. les yeux envoient le message « livre lâché » au cortex visuel du cerveau;

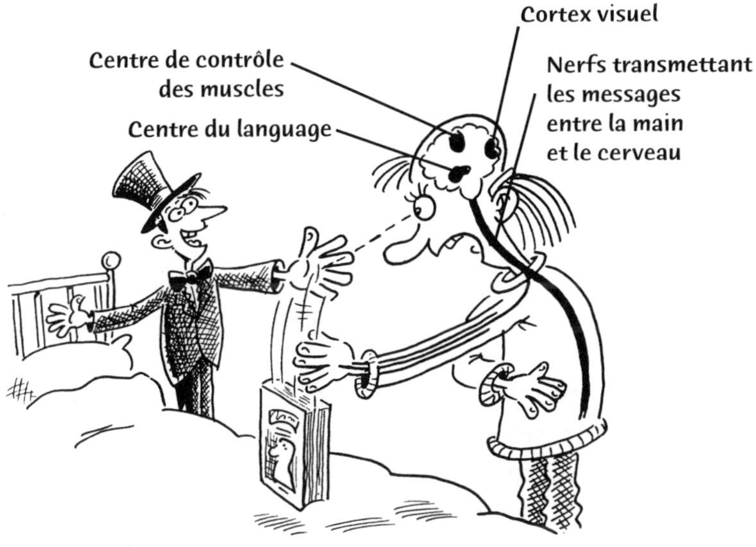

3. le cortex visuel envoie le message « attrape-le ! » au centre de contrôle des muscles;
4. le centre de contrôle des muscles envoie le message « attrape-le ! » à la main;
5. les muscles de la main essaient d'attraper le livre;

6. les yeux envoient le message « raté ! » au cortex visuel du cerveau ;
7. le cortex visuel informe le centre du langage ;
8. le centre du langage envoie un message à la bouche et aux muscles respiratoires ;
9. la bouche dit : « Attends, je n'étais pas prêt ! Laisse-moi essayer encore. »

Les cinq premières étapes prennent 1/3 de seconde, plus de temps qu'il n'en faut au livre pour passer entre les doigts de votre victime.

Tour de Magie

Boîte d'allumettes magique

Un tour de ventriloque virtuel.

L'EFFET

Le magicien ou la magicienne peut faire passer les allumettes d'une boîte pleine à une boîte vide !

VOUS AVEZ BESOIN DE…

- Trois boîtes d'allumettes (une pleine, deux vides)
- Un élastique
- Des manches longues

PRÉPARATION SECRÈTE

Utilisez l'élastique pour attacher la boîte d'allumettes pleine sous votre poignet gauche. Couvrez-la avec votre manche.

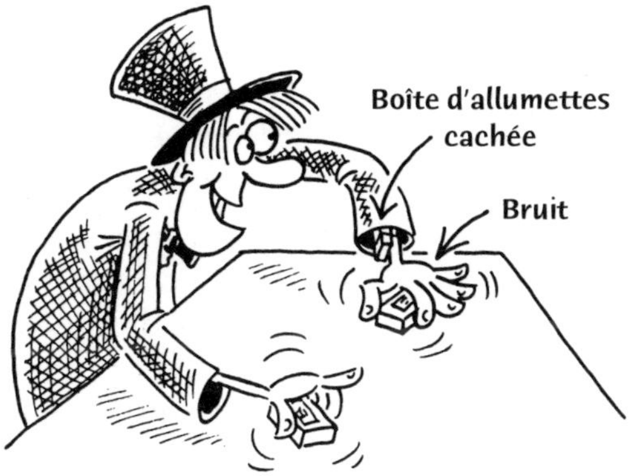

Maintenant, quand vous secouerez une boîte allumette vide avec votre main gauche, elle semblera pleine ; quand vous la secouerez avec votre main droite, elle semblera vide.

DÉROULEMENT DU TOUR

Montrez les deux boîtes d'allumettes vides au public et dites : « Mesdames et Messieurs, j'ai deux boîtes d'allumettes. Celle à ma gauche est pleine... » (prenez la boîte d'allumettes de gauche dans votre main gauche et secouez-la) « ... mais celle de droite est vide » (secouez la boîte de droite avec votre main droite).

« Le problème est maintenant de faire passer les allumettes de la boîte de gauche... » (secouez à nouveau la boîte de gauche avec votre main gauche) « ... dans la boîte de droite » (secouez à nouveau la boîte de droite avec votre main droite).

« Je pourrais y parvenir en déplaçant la boîte de droite à gauche et la boîte de gauche à droite… » (faites-le). « ... Cette boîte est maintenant vide… » (secouez la boîte de droite avec la main droite). « ... Mais c'est également le cas de celle-ci » (secouez la boîte de gauche avec la main DROITE).

« Ou je pourrais poser la boîte de gauche qui était la boîte de droite juste à droite de la boîte de droite qui était la boîte de gauche, c'est-à-dire que la gauche devient la droite et la droite, la gauche. Pour ce tour, mieux vaut être adroit(e) que gauche, vous ne trouvez pas ? » (Remettez les boîtes dans leur position initiale, puis échangez-les à nouveau et ajoutez quelques mouvements pour embrouiller le public.)

« Maintenant, laquelle est pleine ? Est-ce celle-ci ?… » (secouez la boîte de gauche avec la main gauche). « Ou celle-là ?… » (secouez la boîte de droite avec la main droite).

Laissez le public vous dire que c'est la boîte de gauche puis dites : « Eh bien ce n'est pas celle-ci… » (secouez la boîte de gauche avec la main DROITE) « ... ça doit donc être celle-là ! » (secouez la boîte de droite avec la main GAUCHE.)

Pour finir, dites : « En fait, j'ai triché. Elles sont toutes les deux pleines ! » (Secouez les deux avec la main gauche et lancez-les dans le public.) « Vous pouvez donc utiliser une boîte ou bien l'autre ! »

Quand ils vérifient, bien sûr, les deux boîtes sont vides.

QUE S'EST-IL PASSÉ ?

Pour le public, il ne peut y avoir qu'une explication possible : de toute évidence, vous avez des pouvoirs magiques !

L'ÉQUILIBRE

N'avez-vous jamais pensé que c'est très bizarre de n'avoir que deux jambes ? Personne ne fait de tables ou de chaises avec deux pieds. Comment peut-on espérer tenir debout si on n'a pas au moins trois jambes ? Regardez les bébés qui essayent de se tenir debout : ça oscille et ça vacille. Donnons-leur une troisième jambe et ils se mettront debout avant qu'on ait pu dire : « Hé ! Où as-tu trouvé cette jambe supplémentaire ? » Mais, quand les bébés commencent à marcher, regardez-les… Ils se penchent un peu en avant, puis un peu plus et ils mettent leur pied en avant pour ne pas basculer – et c'est le premier pas de bébé !

Marcher, c'est en fait tomber en permanence.

Quelques mois plus tard, ils ont oublié cette bataille constante avec la gravité. Mais elle continue en secret. Mettez vos mains autour des chevilles d'une personne immobile. Vous pourrez sentir les flexions continuelles des muscles et des tendons qui lui permettent de rester debout.

Tour de Magie

Dos au mur

Ces petits tours révèlent les méthodes secrètes qui nous permettent de garder l'équilibre. Ils surprendront tous ceux à qui vous les ferez essayer.

EN AVANT - EN ARRIÈRE

Mettez vos dos et talons en appui contre un mur. Laissez tomber une pièce par terre juste devant vous. Pouvez-vous la ramasser sans tomber ? Quand vous vous penchez, votre centre de gravité se déplace également vers l'avant. Normalement, vous compenseriez en mettant les fesses en arrière. Mais, comme vous êtes adossé(e) au mur, c'est impossible et vous tombez.

ASSIS - DEBOUT

Asseyez-vous bien droit(e) sur une chaise en mettant les bras le long du corps. Pouvez-vous vous lever sans utiliser vos bras ni vous pencher en avant ? Votre centre de gravité est au-dessus de la chaise. Pour vous lever, vous devez le placer au-dessus de vos pieds. Il est impossible de se lever sans se pencher.

VOTRE MEILLEUR PROFIL

Placez-vous de côté contre un mur en y appuyant l'épaule, la hanche et le pied. Pouvez-vous lever la jambe extérieure ? Pour pouvoir enlever un support, vous devez déplacer votre centre de gravité au-dessus de l'autre pied. Deux possibilités : vous enfoncer dans le mur, ou tomber.

COMME UN CRAPAUD SUR UNE BOÎTE D'ALLUMETTES

Placez vos pieds côte à côte, penchez-vous en avant et attrapez vos orteils avec vos deux mains. Pouvez-vous sauter ? Pour cela, il faudrait que vous placiez votre centre de gravité devant vos pieds : ce n'est pas possible car vous les tenez avec vos mains.

OÙ SUIS-JE ?

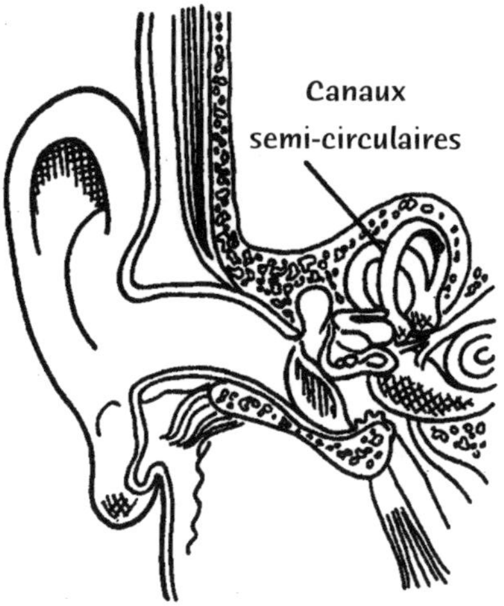

La partie de notre corps qui nous dit où nous nous trouvons, dans quel sens nous sommes, à quel angle, dans quel direction nous allons et à quelle vitesse est un petit organe situé dans l'os juste derrière chaque oreille, que l'on appelle **canaux semi-circulaires**. Ce sont de tout petits tubes remplis de liquide, qui se servent de l'inertie de ce liquide pour enregistrer ce qui se passe.

Vous pouvez avoir une idée de ce qui se passe en faisant flotter un petit bout de papier ou des grains de polystyrène dans un verre d'eau. Pouvez-vous déplacer le bout de papier en faisant tourner le verre ? Ce n'est pas facile. L'eau et le papier ont tendance à rester là où ils sont même si vous secouez le verre.

C'est ce qui se produit dans les canaux semi-circulaires. Les cils sur les parois des canaux pointent dans le liquide. Quand notre tête bouge, le liquide reste en place, si bien que les cils se plient et que le cerveau détecte une rotation.

Rien n'est parfait, bien sûr. Faites faire quelques tours au verre. Quand vous l'arrêtez, l'eau continue de tourner. C'est exactement ce qui se produit quand vous faites plusieurs tours sur vous-même.

Le fluide dans nos canaux semi-circulaires continue de tourner après que nous nous sommes arrêtés. Ainsi, bien que presque tout notre corps pense être immobile, notre oreille interne nous dit que nous continuons de tourner : la tête nous tourne !

Les canaux semi-circulaires nous disent également si nous montons ou descendons. Quand une voiture emprunte une route très pentue, nous laissons notre estomac derrière nous. La même chose se produit quand un ascenseur démarre.

Combinons tous ces mouvements (en haut, en bas, à gauche, à droite, en avant, en arrière et les rotations) : qu'est-ce qu'on obtient ? Ce voyage en bateau où la mer était très agitée et où vous avez passé tout votre temps aux toilettes ! Le mal de mer est le signe extérieur d'un désaccord interne : plusieurs parties de votre cerveau et de votre corps se disputent pour savoir où vous êtes et où vous allez.

Les astronautes doivent faire face à une autre sorte de nausée car les canaux semi-circulaires sont habitués à travailler avec la gravité. Le cerveau est complètement perturbé quand il n'y a plus de gravité – le mal de mer sur une mer déchaînée n'est rien comparé à flotter paisiblement dans l'espace.

Votre fabuleux cerveau essaie en permanence de dresser la carte du monde qui vous entoure. Mettez-vous dans un coin de la pièce, regardez autour de vous, fermez les yeux et essayez de traverser. À chaque fois que vous faites un pas, votre cerveau recalcule la position de tout ce qu'il y a autour et vous arrivez à peu près à traverser la pièce de mémoire. C'est un exploit phénoménal de votre cerveau.

Regardez quelqu'un conduire une voiture. Les automobilistes étendent leurs sens pour remplir leur nouveau corps « virtuel ». Ils semblent savoir de façon intuitive où se trouve le pare-chocs arrière, à quelle distance ils se trouvent de la voiture qui les suit, à quelle vitesse ils vont… Ooooops ! Eh bien tout le monde peut se tromper !

Il arrive que notre corps fasse quelque chose auquel même notre cerveau ne s'attendait pas et qu'il ne peut pas expliquer. Les scientifiques s'en servent pour étudier la façon dont nous fonctionnons. Ces phénomènes peuvent également servir aux magiciens astucieux…

Tour de Magie

Lévitation du bras

L'EFFET

Le magicien ou la magicienne jette un sort à quelqu'un. Le bras de cette personne obéit et se met à léviter de lui-même dans les airs.

DÉROULEMENT DU TOUR

Annoncez que vous allez donner une démonstration de l'art magique de la lévitation. Choisissez soigneusement votre assistant(e). Il ou elle doit être préparé(e) à vous laisser contrôler son corps pendant quelques instants.

Demandez à votre volontaire de se tenir près d'un mur et de se relaxer, les bras le long du corps. En gardant son bras tendu, il ou elle doit essayer de l'enfoncer *dans* le mur. Pendant ce temps (30 secondes environ), encouragez-le (ou -la) à pousser aussi fort que possible. Vous n'arriverez à faire léviter tout son corps que si le mur s'enfonce de quelques centimètres.

Au bout de 30 secondes de poussée, dites-lui d'arrêter de pousser, de se tourner vers vous, de fermer les yeux, de se détendre complètement et d'attendre. Son bras flottera dans les airs !

QUE S'EST-IL PASSÉ ?

Le muscle de l'épaule de votre victime a fait beaucoup d'efforts pour pousser le mur – tellement d'efforts qu'il a oublié de s'arrêter. Bien que le cerveau ait cessé d'envoyer des messages lui disant de pousser, le muscle est resté contracté pendant un petit moment et le bras s'est levé de façon « magique ».

La chaleur et le froid

Quelques petites informations...

... qui vous seront utiles pour comprendre ce chapitre.

PETITE INFORMATION 1

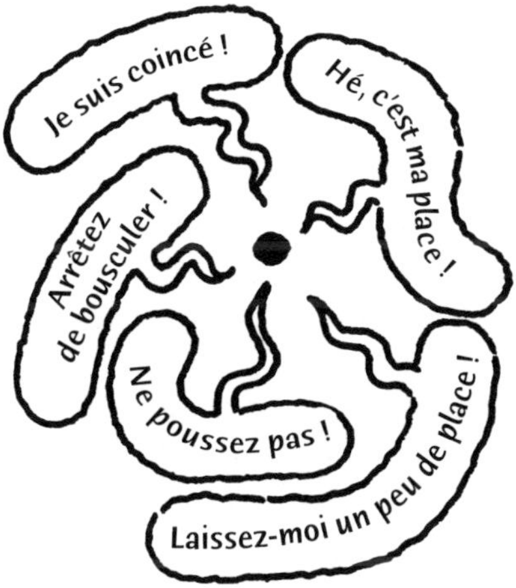

Vous, le monde et l'Univers tout entier êtes constitués d'**atomes**, tout comme les maisons sont composées de briques. Les atomes sont quasiment les plus petites particules qu'on connaisse. Les atomes sont si petits qu'on peut facilement en mettre 25 mille milliards dans le point à la fin de cette phrase.

PETITE INFORMATION 2

Les atomes sont en général regroupés en **molécules**. Il n'y a qu'une centaine de types d'atomes différents mais on peut les combiner et former des millions de molécules différentes, tout comme on peut former des millions de mots différents à partir des 26 lettres de l'alphabet.

Voici une molécule assez courante. On l'appelle **dioxyde de carbone** ; elle est composée d'un atome de **carbone** et de deux (« di- ») atomes d'**oxygène**. Elle est produite dès que l'on brûle quelque chose. Elle est en partie responsable de l'effet de serre.

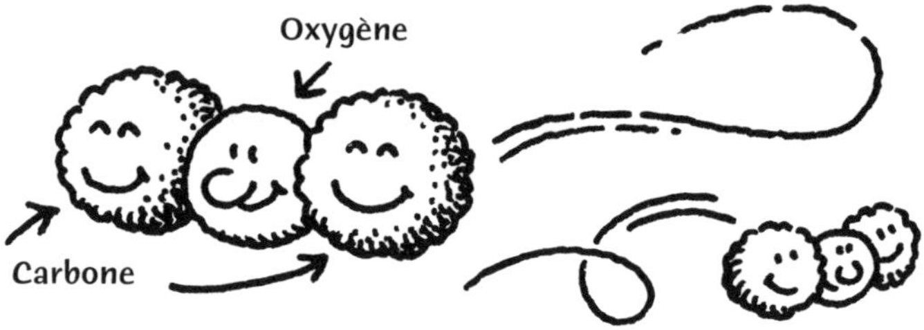

PETITE INFORMATION 3

Les atomes et les molécules s'agitent en permanence (ils vibrent). Ils se cognent souvent les uns aux autres.

LA CHALEUR

Pourquoi les cuisiniers cuisinent-ils ? Qu'est-ce que la chaleur ? Comment se fait-il que les humains aient dû inventer la cuisson avant les roues, les moulins, les pulls en laine et les machines à laver ? Avant de nous attaquer à cette question, il nous faut voir une autre petite information.

PETITE INFORMATION 4

Quand les atomes et les molécules chauffent, ils bougent plus vite. Quand ces molécules chaudes et en mouvement rapide rebondissent sur votre peau, vous sentez de la chaleur. La chaleur, c'est donc du mouvement. Prouvons-le. Frottez-vous les mains. Est-ce que vous sentez la chaleur ? C'est parce que vous avez fait accélérer les molécules de votre peau. Si vous

frottez deux bouts de bois l'un sur l'autre, le bois chauffe et les molécules accélèrent jusqu'à rebondir si fort les unes sur les autres qu'elles commencent à se décomposer en atomes. Les atomes rebondissent à droite à gauche puis se recombinent. Au lieu d'avoir des molécules de bois, nous avons maintenant des molécules de dioxyde de carbone, de monoxyde de carbone et d'eau ainsi que des atomes de carbone. Nous obtenons également de la chaleur et de la lumière. C'est ce qu'on appelle le feu !

Lorsque les scientifiques veulent que les choses aillent plus vite et lorsque les cuisiniers veulent transformer des ingrédients en repas, ils utilisent de la chaleur.

Tour de Magie

Faisons du plastique

Le plastique est une merveille du monde moderne. C'est étrange à dire mais les scientifiques font du plastique à partir des saletés parmi les plus dégoûtantes qu'on puisse imaginer : des plantes qui sont mortes il y a 200 millions d'années et qui ont pourri dans le sous-sol depuis tout ce temps. On appelle ce mélange ignoble et puant du pétrole.

La magie chimique qui transforme le pétrole en poupées Barbie® est complexe. Heureusement, vous pouvez faire quelque chose de similaire sur les plaques de cuisson de votre cuisine sans avoir à forer dans votre jardin pour trouver du pétrole.

VOUS AVEZ BESOIN DE...

- Du lait
- Du vinaigre
- Une casserole
- Des plaques de cuisson
- Un vieux mouchoir

L'EFFET

Le magicien ou la magicienne transforme du lait en plastique

DÉROULEMENT

Faites chauffer l'équivalent d'un bol de lait puis ajoutez un quart de bol de vinaigre. Le mélange se séparera en deux : un matériau blanc épais – du plastique – et une solution plus claire.

Versez le tout à travers le mouchoir puis lavez-le à l'eau froide avant de compresser le tout pour donner au plastique la forme d'une boule. En moins de deux heures, elle sera devenue dure comme de la pierre

La réaction n'aura pas lieu si vous ne faites pas chauffer le lait.

CH'EST CHAUD !

Comment la chaleur se transmet-elle des plaques de cuisson au lait en passant par la casserole ?

Imaginez que vous êtes une molécule de casserole. Disons que vous êtes au soixante-treize millionième rang, à la place numéro neuf milliards quarante-trois. Que se passe-t-il si un groupe de molécules chaudes de la plaque qui s'agitent dans tous les sens foncent droit sur vous ? Lorsqu'elles vous bousculent, elles vous font bouger aussi. Pareil pour vos voisines. Assez rapidement, vous vous agitez aussi fort que les molécules de la plaque. Autrement dit, vous êtes à la même température.

Bien sûr, maintenant que vous vous agitez, vous bousculez les molécules derrière, qui elles-mêmes bousculent celles derrière elles. La chaleur se déplace dans la casserole avant de se transmettre aux aliments jusqu'à ce que tout le monde soit à la même température. C'est ce que l'on appelle la **conduction**.

Certaines choses conduisent la chaleur plus vite que d'autres. Regardez autour de vous. Certains ustensiles de cuisine ont des poignées en bois ou en plastique. Ces matériaux ne transmettent pas l'agitation aussi bien ; ils chauffent donc plus lentement. Ce sont de mauvais conducteurs. Les casseroles sont fabriquées avec un métal, un bon conducteur qui transmet la chaleur très rapidement.

On peut maintenant répondre à cette éternelle question : pourquoi certains objets semblent-ils plus froids que d'autres ?

Trouvez un objet en plastique, un en verre, un en métal, un bout de tissu et un bout de bois.

On pourrait penser que, puisqu'ils sont dans la même pièce depuis longtemps, ils devraient tous être à la même température. Mais, si vous les touchez, certains vous sembleront plus froids que d'autres.

Vous êtes plus chaud(e) que les autres objets de la pièce. Ainsi, quand vous touchez un bon conducteur, il vous vole rapidement votre chaleur et sa surface reste plus froide que vous. Quand vous touchez un mauvais conducteur, il laisse votre chaleur à la surface de votre peau : il ne paraît pas froid.

Le prochain tour est basé sur la conduction de la chaleur.

Tour de Magie

Les cuillers froides

L'EFFET

Le magicien ou la magicienne peut dire quelle cuiller a été choisie par un(e) volontaire du public rien qu'en les touchant.

VOUS AVEZ BESOIN DE...

- Trois petites cuillers en métal (le mieux est de les laisser dans le réfrigérateur pendant quelques minutes avant le tour)
- De quoi vous bander les yeux (une taie d'oreiller fera l'affaire)

DÉROULEMENT

Alignez les cuillers sur une table et mettez le bandeau. Demandez à quelqu'un d'en prendre une. Annoncez que vous allez deviner quelle cuiller il ou elle a choisie en lisant dans ses pensées. Demandez-lui de plaquer la cuiller sur son front avec la paume de sa main pendant environ 20 secondes – pour lui transmettre ses ondes mentales – puis de la reposer.

Ramassez les cuillers une par une en sentant secrètement la température et en disant : « Voyons voir, est-ce celle-ci... ou celle-ci... ou bien celle-là ? Je pense que c'est celle-ci ! »

Montrez-leur la cuiller chaude. Ils seront étonnés.

QUE S'EST-IL PASSÉ ?

Quand le ou la volontaire a mis la cuiller sur son front, la chaleur de son corps a été transmise à la cuiller par conduction et cette dernière a chauffé.

Tour de Magie

Conseils pour la cuisine – 1

Utilisez vos connaissances sur la conduction pour vous faciliter la vie dans la cuisine.

UNE TOUCHE DE VERRE

Les verres peuvent se fissurer si vous versez de l'eau très chaude dedans – mais plus maintenant ! Mettez une cuiller en métal dans le verre avant de verser l'eau. Le métal conduit si bien la chaleur de l'eau vers l'extérieur que la température du verre restera en dessous de la valeur critique.

POMMES DE TERRE EXPRESS

Les pommes de terre au four sont un repas simple à préparer mais pourquoi mettent-elles si longtemps à cuire dans un four traditionnel ?

Une pomme de terre conduit mal la chaleur. Il faut beaucoup de temps pour que la chaleur arrive au milieu. Plantez une fourchette ou une broche dans toutes les patates. Le métal conduira alors la chaleur directement au centre. Comme par magie, le temps de cuisson sera divisé par deux !

FAIRE GRANDIR LES OBJETS

La chaleur fait grossir les objets. Plus quelque chose chauffe, plus il grossit. Comment cela se fait-il ?

Très bien. Vous êtes à nouveau une molécule, entourée par des millions de vos semblables. Vous êtes tous des molécules froides, relax, vous dansez tranquillement. Que se passe-t-il quand vous chauffez ? Tout à coup, vous vous mettez à danser plus vite. Naturellement, vous bousculez la molécule voisine, qui bouscule à son tour sa voisine. Pas de doute, il vous faut plus de place pour danser. Tout votre groupe a besoin de plus d'espace : il a besoin de se **dilater**.

Si vous ne le croyez pas, faites cette petite expérience. Mettez un pot dans une casserole et posez le tout sur une plaque de cuisson. Remplissez le pot d'eau à ras bord. Mettez un peu d'eau au fond de la casserole. Allumez les plaques et regardez ce qui se passe. À mesure que l'eau dans le pot chauffera, vous la verrez déborder et couler sur les côtés, poussée par l'eau qui se dilate en dessous.

Vous avez sûrement entendu parler de l'« effet de serre ». Les scientifiques pensent que la Terre entière se réchauffe petit à petit. Vous pouvez imaginer ce qui arrive à l'eau dans les océans : elle se dilate, si bien que le niveau des océans monte. Il y a des îles dans le Pacifique dont le point le plus haut ne se trouve que quelques dizaines de centimètres au-dessus de l'eau. Elles risquent de disparaître complètement dans les prochaines décennies.

Tour de Magie

Conseils pour la cuisine – 2

SÉSAME, OUVRE-TOI !

Soyez patient(e). Un jour viendra où quelqu'un autour de vous ne pourra pas ouvrir le couvercle en métal d'un pot de confiture. Vous pourrez l'aider avec vos pouvoirs magiques. Dites-lui de verser de l'eau chaude sur le couvercle mais pas sur le pot. Quelques secondes plus tard, le couvercle s'ouvrira facilement ! (Le couvercle en métal se sera dilaté, c'est-à-dire qu'il sera devenu plus grand à cause de la chaleur – pas beaucoup mais juste assez pour que l'on puisse l'ouvrir plus facilement.)

BALLE DE PING-PONG

Soyez encore plus patient(e). Un jour viendra où vous serez l'heureux/se propriétaire d'une balle de ping-pong enfoncée. N'ayez crainte, vous saurez quoi faire. Déposez-la dans une casserole d'eau bouillante. En quelques secondes, la balle retrouvera sa forme initiale. Ici, l'air à l'intérieur de la balle de ping-pong se dilate et redonne à la balle sa forme initiale.

Tour de Magie

La bouteille qui parle

Les gaz se dilatent plus que les solides, c'est la raison pour laquelle ce tour de magie marche si bien.

L'EFFET

Le magicien ou la magicienne fait parler une bouteille.

VOUS AVEZ BESOIN DE...

- Une pièce de 1 euro
- Une bouteille de vin vide

PRÉPARATION SECRÈTE

Il faut que la bouteille de vin soit très froide. Mettez-la au congélateur pendant une demi-heure avant de réaliser ce tour.

DÉROULEMENT

Posez la bouteille gelée sur la table et dites à tout le monde que c'est une bouteille très bavarde – mais elle est timide et refusera peut-être de parler si elle sait qu'il y a du monde dans la pièce. Demandez à tout le monde de ne pas faire de bruit.

Mouillez le goulot de la bouteille et posez la pièce dessus en prenant bien soin de boucher l'ouverture. Posez les mains sur la bouteille. Restez complètement immobile et concen-

trez-vous pour faire parler la bouteille. (Ce sont vos mains qui font le tour de magie. Elles réchauffent le verre, qui réchauffe l'air, qui se dilate…)

La bouteille se mettra à parler ! Elle parlera en clics (eh bien oui, on ne pouvait pas s'attendre à de la poésie – ce n'est qu'une bouteille, après tout).

QUE S'EST-IL PASSÉ ?

Les clics sont dus au passage de l'air qui se dilate et pousse la pièce en sortant. La pièce retombe en faisant un clic avant d'être soulevée à nouveau par la prochaine échappée d'air.

LE FROID

Si chauffer les objets les fait se dilater, alors les refroidir devrait faire le contraire – les faire rapetisser, se **contracter**. Il y a quelques tours de magie à faire ici.

Tour de Magie

La bombe à retardement

L'EFFET

Le magicien ou la magicienne pousse une bouteille à s'autodétruire.

VOUS AVEZ BESOIN DE…

- Une bouteille en plastique
- Un sèche-cheveux

DÉROULEMENT

Mettez le couvercle sur la bouteille mais ne le vissez pas pour le moment. Soufflez sur la bouteille avec le sèche-cheveux pendant une vingtaine de secondes pour chauffer l'air à l'intérieur puis vissez le couvercle. D'ici quelques secondes, la bouteille va se ratatiner.

QUE S'EST-IL PASSÉ ?

Quand vous avez chauffé la bouteille, l'air s'est dilaté et une partie s'est échappée par le goulot. Quand vous avez vissé le bouchon, vous avez enfermé moins de molécules qu'il n'y en avait au départ. Lorsqu'elles ont refroidi, elles ont pris moins de place : l'air s'est contracté.

SOUS PRESSION

Imaginons la scène à l'intérieur de la bouteille pendant le dernier tour de magie. La Molécule-en-Chef fait le tour de ses troupes rouges de chaleur qui s'agitent dans tous les sens, se bousculant les unes les autres et rebondissant sur les parois de la bouteille. Un messager lui fait régulièrement son rapport.

Molécule-messagère : « L'ennemi a fermé la bouteille, chef ! »

Molécule-en-Chef : « Ne paniquez pas, caporal. »

Molécule-messagère : « Mais Chef, une partie de nos troupes a été enfermée à l'extérieur de la bouteille ! »

Molécule-en-Chef : « Ne paniquez pas, caporal. »

Molécule-messagère : « Les molécules d'air ennemies sont plus nombreuses que nous. Pourrons-nous les repousser ? »

Molécule-en-Chef : « Gardez la foi, Caporal. Regardez comme nos troupes sont dynamiques. Chaque élément fait le travail de deux molécules. Ce sont de bons soldats ! »

Molécule-messagère : « Chef, les troupes ralentissent. »

Molécule-en-Chef : « Quoi ?!? »

Molécule-messagère : « Elles se refroidissent et perdent de la vitesse. Les molécules extérieures se regroupent, Chef. Je ne pense pas que les murs vont tenir bien longtemps. »

Molécule-en-Chef : « Caporal ? »

Molécule-messagère : « Oui, chef ? »

Molécule-en-Chef : « FUYEZ !!!!!!! AAAAAHHH !!!!! »

Les molécules d'air sont une force assez irrésistible. Elles peuplent l'atmosphère en grand nombre, s'empilant jusqu'à 80 kilomètres d'altitude, jusqu'à la frontière de l'espace. Il y a donc une colonne d'air de 80 kilomètres au-dessus de notre tête, aussi lourde que 80 boîtes de sucre. Nous ne le remarquons pas parce que nous y sommes habitués; nous avons connu ça toute notre vie. Mais cette **pression de l'air** sera notre botte secrète pour le prochain tour de magie.

On peut enlever un peu de l'air contenu dans un récipient fermé en brûlant du papier à l'intérieur. Quand quelque chose brûle, il consomme de l'oxygène, qui représente environ un cinquième de l'air. Nous devrions ainsi pouvoir bien voir la puissance de l'atmosphère dans les deux prochains tours de magie.

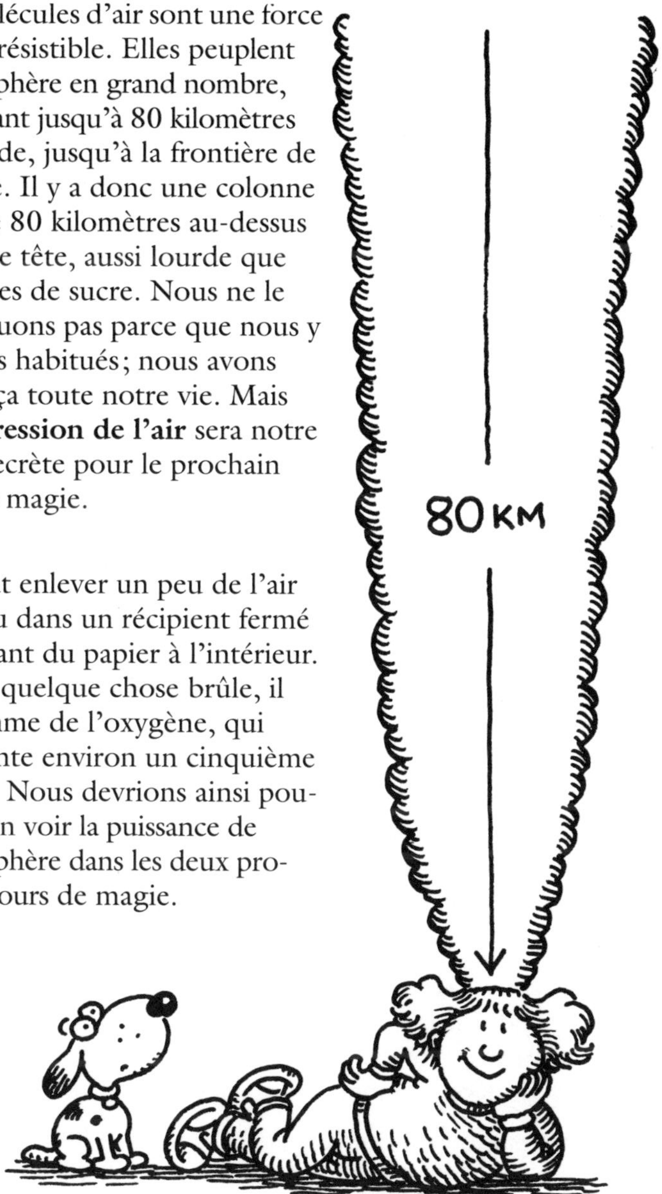

Tour de Magie

De la colle-air

L'EFFET

Le public doit coller deux verres ensemble avec de l'air, du papier journal et de l'eau. Seul(e) un(e) magicien(ne) peut accomplir un tel exploit.

VOUS AVEZ BESOIN DE...

- Deux verres identiques
- Sept carrés de papier journal, un peu plus grands que le diamètre des verres
- Du papier
- Des allumettes
- Un peu d'eau

DÉROULEMENT

Lancez un défi à votre public : qu'ils essaient de coller deux verres en n'utilisant que de l'air, du papier journal et de l'eau. Quand ils vous auront dit que c'est impossible, procédez comme ceci.

Empilez les carrés de papier journal et trempez-les dans un peu d'eau pour les ramollir. Posez le tout sur un des verres et percez un trou au milieu. Il faut que le papier recouvre le bord du verre. Il servira de joint entre les verres.

Allumez un petit bout de papier et mettez-le dans le verre puis posez rapidement (mais soigneusement) le deuxième verre sur le premier. S'il n'y a pas de fuite, vous n'entendrez pas de sifflement et les deux verres vont se coller – c'est la bonne nouvelle. La mauvaise nouvelle, c'est que séparer les verres sera très difficile.

QUE S'EST-IL PASSÉ ?

À la page 115, la bouteille de plastique a été écrasée par le poids de l'atmosphère lorsque l'air à l'intérieur s'est contracté. Ici, les verres ne se déforment pas mais l'atmosphère appuie quand même dessus. C'est pour cela que les deux verres sont collés ensemble.

LES HÉMISPHÈRES DE MAGDEBOURG

En 1654, un homme fit la même démonstration dans la petite ville allemande de Magdebourg, avec des résultats extraordinaires.

Otto von Guericke venait d'inventer une pompe à air assez astucieuse. Pour s'amuser, il pensa à une expérience un peu

loufoque. Il décida de pomper tout l'air dans une boîte pour avoir… euh… une boîte remplie de rien – ce que l'on appelle du **vide**. Mais ce ne fut pas si facile. Quand il arrivait à mi-chemin de son pompage, ses boîtes se ratatinaient. Il commença à réaliser l'énorme force de l'atmosphère lorsqu'elle pousse sur du vide.

Otto inventa un très grand Tour de Magie. Il fit construire deux hémisphères de 40 centimètres de diamètre en bronze très épais. « Elles ne se déformeront pas de sitôt », pensa-t-il.

Il colla soigneusement les deux sphères, installa sa pompe et pompa jusqu'à ce qu'il ne reste rien à l'intérieur. (C'était le premier vide du monde.) Il essaya ensuite de les séparer. Et il essaya encore… et encore… et encore.

Finalement, il dut faire appel à 16 chevaux pour ouvrir la sphère, ce qui illustre la puissance de la poussée que l'atmosphère exerçait sur la sphère en bronze.

Tour de Magie

Peler une banane

L'EFFET

Le magicien ou la magicienne pèle une banane sans la toucher.

VOUS AVEZ BESOIN DE...

- Une bouteille de jus de fruit en verre
- Une banane (choisissez une banane qui a le même diamètre que le goulot de la bouteille une fois pelée)
- Du papier
- Des allumettes

DÉROULEMENT

Demandez aux personnes du public si elles peuvent peler une banane sans la toucher. Quand elles auront avoué qu'elles ne peuvent pas, prenez la banane et pelez-en le bout.

Allumez le papier et mettez-le – pendant qu'il brûle – dans la bouteille. Inserez rapidement le bout de la banane en laissant la peau à l'extérieur. Assurez-vous qu'il n'y a pas de fuites.

Regardez la banane être attirée dans la bouteille, poussée par la pression atmosphérique à l'extérieur à mesure que l'oxygène à l'intérieur est consommé. (Ne mangez pas la banane : elle sera couverte de suie et de papier brûlé.)

Tour de Magie

Jus de papaille

L'EFFET

Le magicien ou la magicienne boit un verre de jus fruit plus vite que les autres.

VOUS AVEZ BESOIN DE...

- Deux boissons
- Deux pailles
- Une épingle

PRÉPARATION SECRÈTE

Faites un trou assez gros à environ 3 centimètres de l'extrémité de chaque paille. Les trous doivent être assez gros pour que l'on puisse y mettre une allumette.

DÉROULEMENT

Proposez à quelqu'un de boire un verre en faisant la course. Donnez-lui une boisson et une paille. À vos marques, prêt, partez ! Mais faites bien attention à boucher le trou de votre paille avec votre pouce. Ainsi, votre boisson montera dans la paille comme d'habitude alors que votre adversaire ne pourra rien faire.

Quand vous arriverez à mi-chemin, remarquez que votre adversaire a des problèmes et proposez-lui d'échanger vos boissons. Il pensera peut-être que votre paille fonctionne bien. Mais il sera déçu. Il vous regardera, incrédule, en train de finir votre boisson après avoir discrètement bouché le trou de ta paille.

QUE S'EST-IL PASSÉ ?

Quand vous aspirez, vous retirez l'air qui se trouve en haut de la paille. La pression atmosphérique de l'autre côté pousse sur la surface du liquide, qui monte dans la paille. S'il y a un trou dans la paille, l'air peut y rentrer de l'extérieur, si bien que le liquide ne bouge pas. Votre complice secret dans ce tour, c'est donc l'atmosphère tout entière et personne ne peut le savoir !

NOTE PRATIQUE

La magie de ce tour sera ruinée si quelqu'un vous voit boucher le trou avec le pouce. Quand vous réalisez ce tour, essayez de manipuler la paille sans regarder. Dans des tours comme celui-ci, c'est votre regard qui pourrait vous faire prendre.

AVOIR CHAUD ET AVOIR FROID

Il a fallu 65 millions d'années à l'Homme pour évoluer des petits mammifères poilus qui s'agitaient entre les orteils des dinosaures aux spécimens magnifiques que nous voyons dans le miroir aujourd'hui. Mais, en chemin, nous avons perdu quelque chose – notre fourrure. Comment cela est-il arrivé ? C'est sûrement une erreur. Nous passons tellement de temps à essayer de nous réchauffer, à faire des vêtements, du feu, etc. Si nous n'avions pas perdu notre fourrure, tout cela ne serait pas nécessaire.

Les humains ne sont heureux que dans une petite gamme de températures – entre 34 °C et 38 °C (degrés Celsius). La plupart du temps, nous contrôlons la température de notre corps en mettant les vêtements appropriés. Mais vient un moment – celui du bain – où nous n'avons plus que nos techniques naturelles de contrôle de la température (ou **homéostasie**), qui ne sont pas totalement au point.

TROP CHAUD ?

Nous transpirons et évacuons la chaleur par évaporation. La chaleur transforme notre sueur en vapeur d'eau.

Nous devenons rouges car notre corps ouvre automatiquement les vaisseaux sanguins près de la surface de notre peau pour essayer d'évacuer la chaleur.

Nous arrêtons de nous agiter car faire de l'exercice nous donne encore plus chaud.

TROP FROID ?

Nous nous recroquevillons pour nous exposer le moins possible au froid.

Nous pâlissons car les vaisseaux sanguins près de notre peau se referment pour conserver la chaleur.

Nous tremblons et claquons des dents. Notre corps sait qu'une façon de se réchauffer, c'est de faire de l'exercice : les tremblements et les claquements de dents sont des exercices automatiques particuliers.

Nous avons la chair de poule. Il y a des millions d'années, quand nos arrière-arrière-…-arrière-grands-parents étaient couverts de fourrure, de petits muscles faisaient dresser leurs poils quand il faisait froid (de la même façon que les oiseaux gonflent leurs plumes en hiver). Aujourd'hui, nous avons toujours ces muscles même si notre fourrure a disparu. La chair de poule nous rappelle nos ancêtres poilus.

D'une façon ou d'une autre, ces petits mécanismes nous permettent de nous adapter à la température extérieure.

Et un(e) magicien(ne) peut faire un tour de magie pour tromper les autres.

Tour de Magie

Chaud, froid et tiède

Dans ce tour, le corps se fait surprendre ; il ne sait pas s'il doit s'adapter au chaud ou au froid.

L'EFFET

Le magicien ou la magicienne peut changer la température d'un bol d'eau en claquant des doigts.

DÉROULEMENT

Pendant qu'un(e) volontaire remonte ses manches, parlez à votre public des pouvoirs magiques qui vous permettent de donner la température que vous voulez à l'eau.

VOUS AVEZ BESOIN DE...

- Un bol d'eau aussi chaude que vous pourrez le supporter
- Un bol d'eau froide, presque trop froide
- Un bol d'eau tiède, à mi-chemin entre les deux

Apportez le bol d'eau froide en ordonnant : « Tu es froide... tu es très froide ! » Demandez à votre volontaire de mettre une main dans le bol d'eau froide et de l'y laisser, pour s'assurer que l'eau ne désobéit pas en se réchauffant.

Apportez le bol d'eau chaude et dites de même : « Tu es chaude... tu es très chaude ! » Demandez à votre volontaire de mettre son autre main dans le bol d'eau chaude et de l'y laisser. Faites-le ou la patienter pendant une minute.

Pendant ce temps, sortez le bol d'eau tiède. Ordonnez : « Tu es chaude... tu es froide... tu es très chaude... tu es très froide... »

Après une minute, dites à votre victime que le bol d'eau tiède ne sait plus quoi faire. Demandez-lui de le prouver en trempant alternativement sa main gauche et sa main droite dans le bol. L'eau paraîtra chaude à une main et froide à l'autre.

QUE S'EST-IL PASSÉ ?

Une main s'est adaptée à l'eau froide; elle pense maintenant que l'eau tiède est chaude. L'autre main a fait l'inverse. Vous verrez qu'une main est plus rose que l'autre – c'est à cause de l'homéostasie !

La prochaine fois que vous allez à la piscine, vous constaterez que passer du bassin froid au bassin chaud et inversement est tout aussi étrange. On a l'impression que la température change en permanence mais c'est en fait notre corps qui ne sait plus où il en est.

BIEN AU CHAUD

Quand vous sortez de votre bain chaud, l'air vous semble froid – vous vous jettez sur une serviette ! Comme la Nature nous a enlevé notre fourrure, nous devons nous débrouiller avec des serviettes.

La serviette fait trois choses.

1. Elle absorbe l'eau du bain qui est encore sur votre peau (par capillarité, voyez p. 159). C'est très pratique car l'eau du bain ressemble de manière suspecte à de la sueur ; et la sueur, comme vous le savez, a plus tendance à nous refroidir qu'à nous réchauffer.

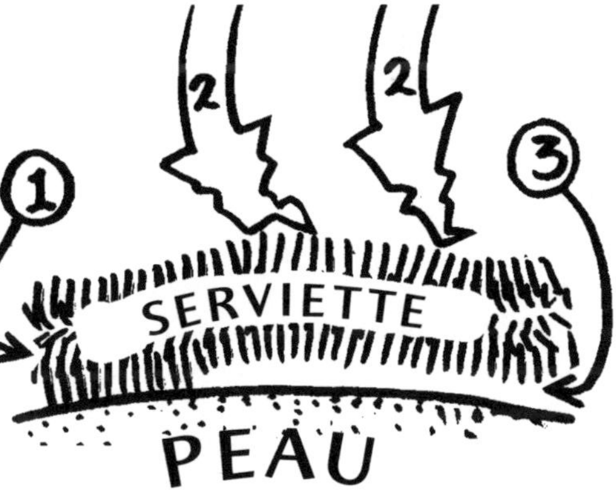

2. Elle agit comme une barrière, en empêchant les courants d'air de vous prendre de la chaleur.

3. Elle vous **isole**. À l'intérieur de la serviette, vous avez votre propre bulle d'air, que votre corps réchauffe et qui vous maintient au chaud. L'air est un bon isolant. Il transmet la chaleur très doucement ; votre corps garde donc sa chaleur.

Les isolants permettent également aux objets froids de le rester et le prochain tour est une façon savoureuse de le montrer.

Recette magique

Surprise d'Alaska

Grâce à l'isolation, préparez un savoureux gâteau chaud fourré avec de la glace.

INGRÉDIENTS

- De la glace
- Trois blancs d'œuf
- 150 grammes de sucre en poudre
- De la génoise
- Une plaque de cuisson
- Un four

PRÉPARATION

Préchauffez le four thermostat 7-8, soit 230 °C (degrés Celsius).

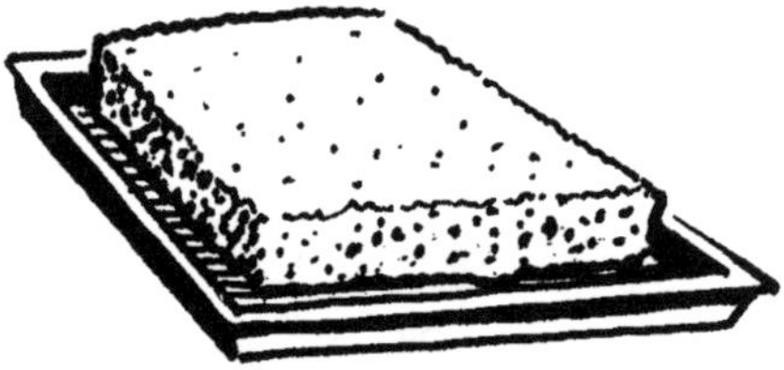

Mettez la génoise sur la plaque de cuisson.

Pour faire la meringue, battez les blancs d'œuf en neige pour qu'ils soient très aérés (pour qu'ils contiennent de nombreuses bulles d'air) puis ajoutez le sucre doucement pour ne pas faire retomber les œufs.

Déposez la glace sur la base de génoise et recouvrez le tout avec de la meringue en faisant attention de bien couvrir la glace, y compris sur les côtés. Mettez ensuite le tout au four pendant trois ou quatre minutes.

Quand vous sortirez votre gâteau du four, la meringue sera croustillante et chaude mais la glace sera toujours gelée.

QUE S'EST-IL PASSÉ ?

L'air que vous avez mis dans la meringue en battant les blancs d'œuf en neige et les bulles d'air dans la génoise ont isolé la glace de la chaleur du four ; ainsi, même si l'extérieur a chauffé, l'intérieur est resté froid.

L'air et l'eau

L'AIR

Les prochains tours de magie utilisent des poids invisibles. Il y a environ 80 kg de poids invisible sur ce livre.

Cette substance merveilleuse, c'est bien sûr l'air. Il est complètement invisible mais il y en a beaucoup, qui s'étend jusqu'à 80 kilomètres d'altitude, à la frontière de l'espace. En tout, cela représente donc un poids très important. Il y en a ainsi 80 kilogrammes qui appuient sur votre corps de tous les côtés, attendant de servir pour nos tours de magie.

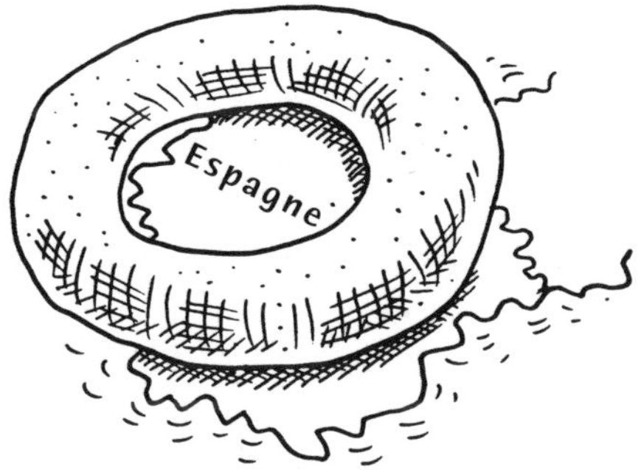

Comme tout le reste, l'air est composé de milliards d'**atomes**, de toutes petites particules qui rebondissent partout. Ces atomes sont extrêmement petits. Pour vous donner une idée de leur taille, si tous les atomes d'un beignet étaient aussi gros que des grains de sable, on pourrait tout juste les voir mais le beignet serait aussi gros que l'Espagne !

Quand les atomes sont chauds, ils rebondissent plus. Ils prennent donc plus de place. Il y a donc moins d'atomes dans un seau d'air chaud que dans un seau d'air froid. Il pèse donc moins lourd : il est moins dense.

Mettez un paquet d'air chaud et léger dans une masse d'air plus froide et plus lourde, et cet air chaud flottera de la même façon que les objets légers flottent à la surface de l'eau. En d'autres termes, l'air chaud monte ! Si vous mettez cet air chaud dans un grand sac en papier, que vous accrochez un panier en-dessous, que vous mettez un canard, un coq et un cochon

dans le panier et que vous lâchez le tout, vous obtiendrez une scène qui ressemble à celle qui eut lieu en juin 1783, lorsque les frères Montgolfier firent décoller la toute première machine volante humaine, un ballon d'air chaud. Deux mois plus tard, un homme quitta le sol de notre planète pour la première fois en plus de trois millions d'années d'évolution humaine.

On ne peut pas reproduire la magie de cet événement mais on peut quand même faire des choses assez merveilleuses.

Tour de Magie

Moulin à vent magique

Un des tours les plus simples mais aussi un des plus incroyables utilise le fait que l'air chaud monte.

L'EFFET

Le magicien ou la magicienne fait tourner un bout de papier grâce à son unique volonté.

VOUS AVEZ BESOIN DE...

- Un bout de papier
- Un crayon à papier

DÉROULEMENT

C'est un tour de magie très délicat, qu'il faut faire dans une pièce calme, à l'abri des courants d'air.

Dites à votre public que votre but ultime est de modifier la rotation de la Terre pour qu'elle tourne plus vite pendant la semaine et moins vite pendant le samedi et le dimanche pour avoir des week-ends plus longs. Mais, pour commencer, vous devez vous entraîner sur des bouts de papier.

Pendant que vous annoncez tous ces détails personnels fascinants, prenez un bout de papier et déchirez-en un rectangle d'environ cette taille.

Pliez-le dans le sens de la longueur et en diagonale, comme le montrent les dessins ci-dessous.

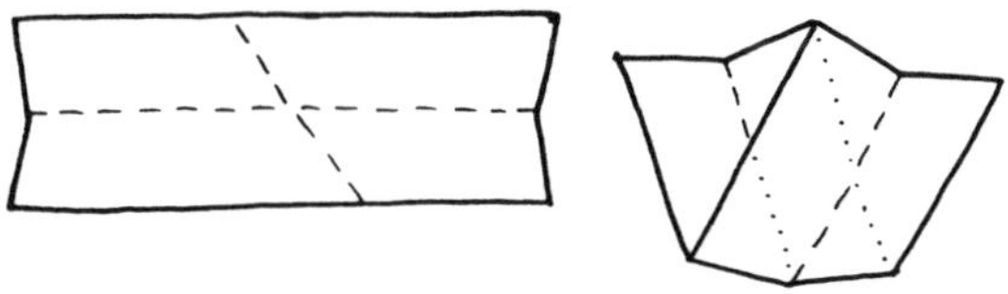

Mettez le papier en équilibre sur la pointe d'un crayon à papier bien taillé, juste au milieu, où les plis se rejoignent. Prenez un air très, très concentré. Essayez de faire cette tête-là…

… et votre papier fera ça…

QUE S'EST-IL PASSÉ ?

La source d'énergie, c'est la chaleur de votre main. Elle réchauffe l'air qui se trouve au-dessus, qui s'élève et rebondit sur les parties inclinées du papier et le fait tourner.

Le public ne peut pas voir l'air qui monte. Ils chercheront des moteurs cachés, des élastiques, des miroirs et des ficelles.

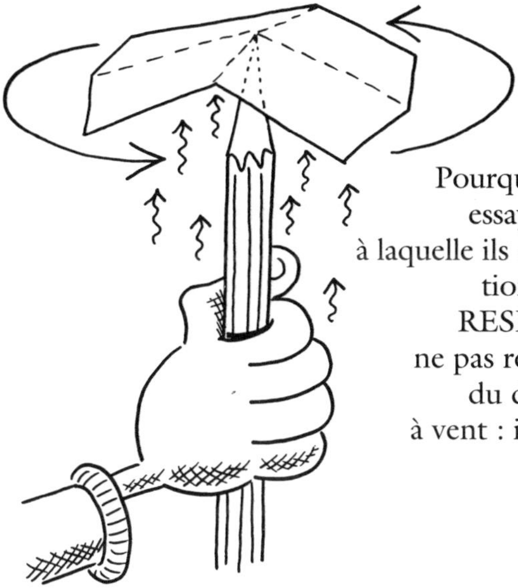

Pourquoi ne pas les laisser essayer ? La seule chose à laquelle ils doivent faire attention, c'est de NE PAS RESPIRER ! Du moins ne pas respirer en direction du délicat petit moulin à vent : ils perturberaient la « machine ».

Tour de Magie

Bleu ciel

Pour ce tour, il faut de l'eau; il peut être un peu salissant.

L'EFFET

Nous savons enfin pourquoi le ciel est bleu. Le magicien ou la magicienne démontre que l'air bleu monte.

VOUS AVEZ BESOIN DE...

- Deux verres identiques (l'idéal serait des verres en plastique transparents)
- De l'eau chaude
- De l'eau froide
- Une carte postale
- Du colorant alimentaire bleu

PRÉPARATION SECRÈTE

Remplissez un verre d'eau chaude et l'autre d'eau froide. Mettez quelques gouttes de bleu dans l'eau chaude.

DÉROULEMENT

Informez votre public des découvertes miraculeuses de la science moderne :

1. C'est le mouvement des arbres qui crée le vent,
2. Les poules ont des dents,
3. Les girafes ont un long cou sinon leur tête ne serait pas bien attachée à leur corps ET…
4. ... le ciel est bleu car l'air bleu monte

Mettez la carte postale au-dessus du verre bleu et retournez-le.

Placez-le sur l'autre verre et retirez doucement la carte postale. L'eau bleue restera dans le verre du dessus.

Maintenant – il faut que vous vous entraîniez au-dessus de l'évier –, retournez le tout. L'eau bleue va à nouveau s'élever vers le haut, ce qui prouve que les objets bleus sont plus légers que les autres : l'air bleu monte !

Attention : Si cette expérience est bien faite, le progrès scientifique pourrait prendre mille ans de retard.

QUE S'EST-IL PASSÉ ?

L'eau bleue est effectivement plus légère que l'eau ordinaire car elle est plus chaude. Quand elle était au-dessus, elle y est restée. Quand vous avez retourné l'arrangement, elle s'est élevée dans les verres. Retournez le tout quelques fois et les contenus des deux verres vont se mélanger : il y aura alors de l'eau tiède bleu clair.

Tour de Magie

Spirales mobiles

L'EFFET

Utilisez l'air chaud pour faire des décorations animées.

VOUS AVEZ BESOIN DE...

- Du carton fin ou du papier épais
- De la peinture
- Des ciseaux
- Du fil
- Un radiateur

DÉROULEMENT

Découpez des cercles dans le carton et décorez-les avec des couleurs vives.

Découpez une bande d'un centimètre de large dans le disque puis continuez à découper en tournant, toujours à la même distance du bord, jusqu'à ce que vous arriviez au centre. Vous obtenez une spirale.

Attachez un fil au milieu et suspendez la spirale au-dessus d'un radiateur. Elle tournera gentiment lorsque l'air chaud rebondira sur les surfaces inclinées. Pour obtenir le meilleur effet, alignez-en plusieurs.

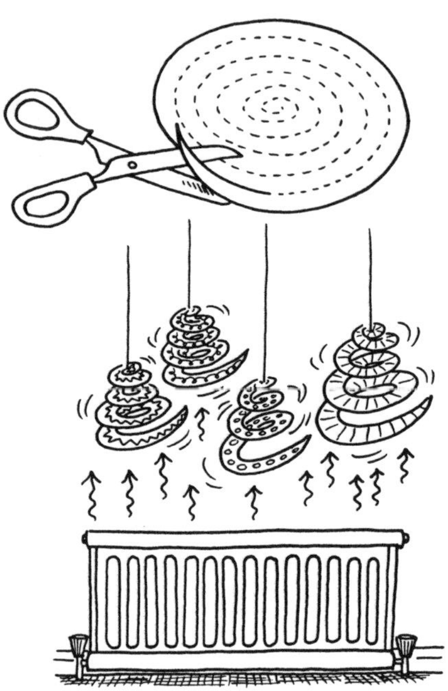

SOIT DIT EN PASSANT...

Si vous voulez faire sécher des vêtements près d'un radiateur, ne les mettez pas en-dessous car l'air chaud monte et ne prend jamais le temps de descendre.

SOIT DIT EN PASSANT...

Vous êtes-vous déjà demandé comment toute l'eau d'une casserole chauffait alors que la source de chaleur était au fond ? Lorsque l'eau du fond chauffe, elle monte et l'eau froide sur les côtés prend sa place ; cette eau froide chauffe et s'élève à son tour... etc.

SOIT DIT EN PASSANT...

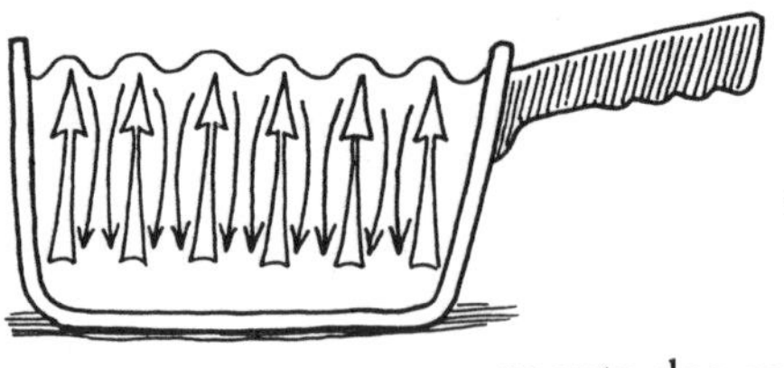

Vous êtes-vous jamais demandé pourquoi des colonnes apparaissent dans une casserole contenant un liquide gras ? Cela est dû aux mouvements des colonnes voisines de graisse qui monte et de graisse qui descend.

SOIT DIT EN PASSANT...

Vous êtes-vous déjà demandé à quoi ressemblait la surface de Soleil ? Elle ressemble beaucoup à la casserole de gras mais elle est un tout petit peu plus chaude !

SOIT DIT EN PASSANT...

Vous êtes-vous jamais demandé comment la météo fonctionne ? De façon similaire mais en beaucoup plus froid ! Les nuages se forment quand l'air chaud monte. Les vents apparaissent quand l'air froid arrive pour le remplacer.

Tour de Magie

Le pouvoir du papier

La masse d'air au-dessus de nos têtes nous fournit un autre miracle.

L'EFFET

La personne la plus forte de votre public est vaincue par une feuille de papier.

VOUS AVEZ BESOIN DE...

- Une feuille de journal
- Une règle

DÉROULEMENT

Posez la règle au bord de la table, comme sur l'image suivante.

Demandez à la personne la plus forte du public si elle peut catapulter la règle dans les airs en donnant un coup sur le bord. (Faites attention – on ne sait jamais où la règle va aller.)

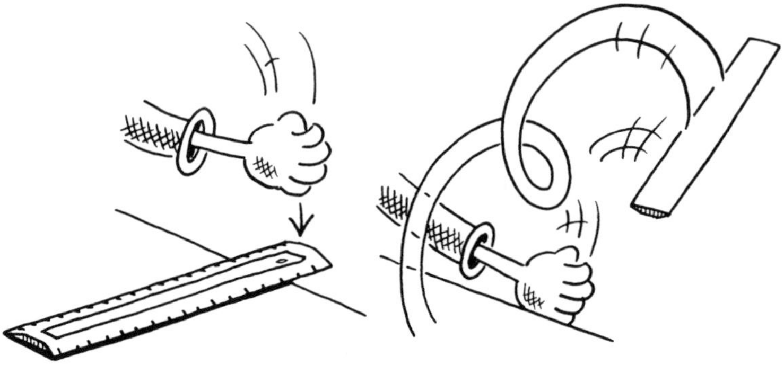

Demandez ensuite à votre victime si elle pense pouvoir faire la même chose lorqu'une simple feuille de papier posée sur la règle. Elle devrait dire oui.

Posez la feuille de journal sur la règle, comme le montre le dessin ci-dessous. Aplatissez-la bien et proposez à votre victime de donner un coup sec.

Le papier ne bougera pas et la règle non plus. Votre volontaire sera bien embêté(e). Battu(e) par un bout de papier ! Il ou elle ne s'en remettra jamais !

QUE S'EST-IL PASSÉ ?

La pression de l'air pousse dans toutes les directions; il y a donc normalement 80 kg d'air qui appuient sur le papier – mais qui poussent également par en-dessous et les effets s'annulent.

Quand la règle soulève le papier, elle crée un espace où il n'y a pas d'air du tout (un vide). S'il n'y a pas d'air en dessous mais qu'il y a 80 kg d'air au-dessus, il n'y a pas photo : le papier est repoussé vers la table et la règle, avec lui.

On dirait bien que le ou la volontaire a été battu(e) par l'atmosphère tout entière. Il ou elle ne devrait pas être trop déçu(e).

Mensonge magique

Comment passer une heure de plus au lit

Vous savez maintenant quoi faire quand vous n'avez pas envie de vous lever. Dites-vous qu'il y a un poids d'environ 80 kilogrammes qui vous empêche de sortir de votre lit. On ne peut tout de même pas vous demander de soulevez ça ! (Sans

parler des 20 millions d'acariens qui vont vous sauter dessus dès que vous poserez le pied sur le tapis.)

D'ici là, faites de beaux rêves !

L'EAU

L'eau est un liquide bizarre – vous ne réalisez peut-être pas à quel point…

Elle peut se comporter comme de la colle.

Elle peut devenir complètement invisible.

Quelques secondes plus tard, elle peut devenir complètement opaque – on ne peut plus voir à travers.

Quelques secondes après, elle peut se transformer en miroir.

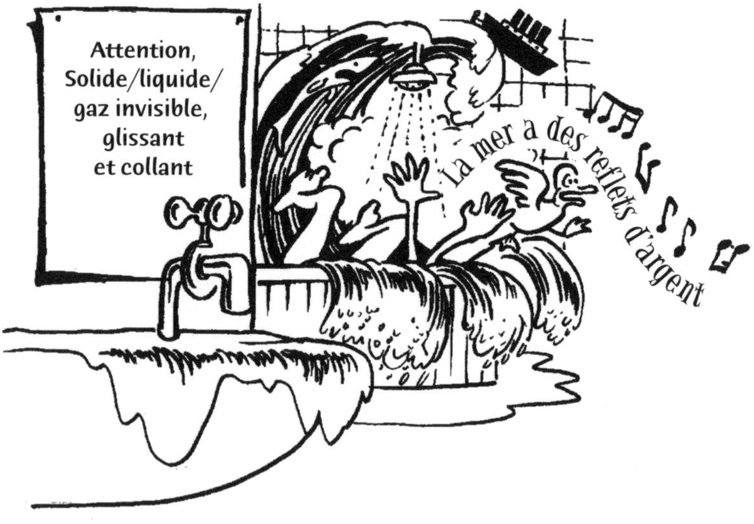

Et elle peut sortir de son récipient !

On peut utiliser toutes ces propriétés magiques pour mettre au point des illusions étonnantes. En y ajoutant du savon, on peut même faire des tours encore plus incroyables, comme se laver la figure par exemple.

Mais faisons tout d'abord quelques tours de magie…

Tour de Magie

L'aiguille flottante

L'eau a une peau ! La prochaine fois que vous passerez près d'un lac ou d'un étang, regardez de près sa surface. Vous verrez probablement des insectes y marcher. Leurs pieds plient la « peau » mais ne la déchirent pas.

On peut utiliser la technique de ces patineurs sur lac pour faire de grands tours de magie.

L'EFFET

Le magicien ou la magicienne fait flotter une aiguille sur l'eau.

VOUS AVEZ BESOIN DE…

- Un bol rempli d'eau
- Une aiguille
- Du papier essuie-tout

DÉROULEMENT

Lancez un défi à votre public : demandez-leur de faire flotter une aiguille à la surface de l'eau dans le bol. Une fois qu'ils auront raté, ils marmonneront que c'est impossible car le métal est plus lourd que l'eau. C'est alors que vous faites votre annonce : vous avez un pouvoir extraordinaire sur l'eau et, si vous lui demandez de laisser le métal flotter, elle s'exécutera !

Regardez fixement le bol d'eau pendant cinq secondes; concentrez-vous pour la faire obéir.

Faites un petit radeau avec le papier essuie-tout, posez l'aiguille dessus et déposez le tout sur la surface de l'eau.

Le tissu va s'imbiber d'eau puis couler en laissant l'aiguille en équilibre sur la surface. Vous pouvez voir que la peau de l'eau se déforme.

Touchez l'aiguille et elle traversera la peau avant de couler au fond, comme une aiguille devrait le faire.

Votre public aura du mal à y croire !

QUELLE EST DONC CETTE PEAU ?

Remplissez un bol d'eau et essayez d'attraper la peau. Vous n'y arriverez pas, quels que soient vos efforts; ce n'est pas comme la peau du lait chaud.

L'eau est composée de milliards de toutes petites particules appelées **molécules**. Les molécules aiment être ensemble, comme un groupe d'amis – chacune aime la compagnie des autres sans y être complètement collée.

Les molécules au milieu de l'eau ont des amies tout autour d'elles mais celles de la surface n'en ont pas au-dessus d'elles ; elles s'accrochent donc un peu plus à leurs voisines d'à côté. Cette couche, c'est la « peau ». On l'appelle **tension de surface** ou **ménisque**.

COMMENT LES MOLÉCULES D'EAU COLLENT-ELLES LES UNES AUX AUTRES ?

On peut faire coller des bouts de papier comme les molécules d'eau collent entre elles. Si vous frottez un peigne ou un crayon en plastique sur vos vêtements pendant quelques secondes et que vous l'approchez de petits morceaux de papier, ces derniers vont sauter et se coller au crayon ou au peigne.

Les scientifiques appellent cela une **force électrostatique**. Il s'agit en fait d'une des forces les plus importantes de la nature. Il est vrai qu'attirer des petits bouts de papier ne semble pas très difficile mais, sous une autre forme, les forces électrostatiques produisent la foudre et le tonnerre – *ça*, c'est puissant !

Les molécules à la surface de l'eau ont beaucoup de force. Ouvrez un tout petit peu le robinet et voyez comment la tension de surface donne une forme de boules à l'eau qui s'écoule.

Tour de Magie

Toujours plus haut

Voyons quelle est la véritable force de la peau de l'eau.

L'EFFET

L'eau monte au-dessus du bord du verre sans se retenir à quoi que ce soit, soutenue par les pouvoirs psychiques du magicien ou de la magicienne.

VOUS AVEZ BESOIN DE...

- Un verre d'eau
- Quelques pièces de monnaie
- Une bassine dans laquelle réaliser ce tour – vous renverserez peut-être de l'eau

DÉROULEMENT

Demandez à votre assistant(e) de remplir un verre à ras bord. Assurez-vous que l'eau arrive bien au niveau du bord du verre.

Maintenant, concentrez-vous tous les deux sur l'eau et persuadez-la de monter encore. Est-elle convaincue ? Tout doucement, mettez une pièce dans le verre. Puis quelques-unes de plus. Continuez à mettre soigneusement des pièces jusqu'à ce que l'eau monte au-dessus du bord du verre. Regardez combien il y a de pièces dans le verre. Quelle force de persuasion !

QUE S'EST-IL PASSÉ ?

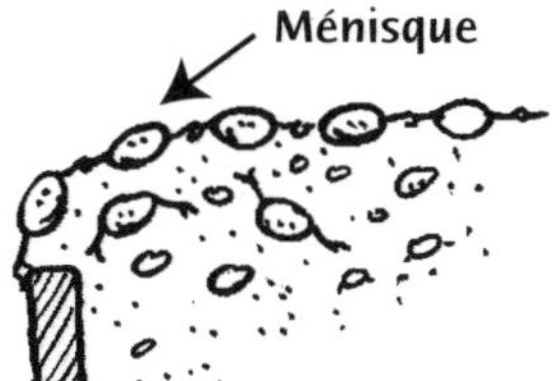

C'est la tension de surface qui a retenu l'eau. Si vous regardez de près, vous pourrez voir le ménisque qui s'accroche au bord du verre et qui se bombe vers le haut.

POURQUOI L'EAU EST-ELLE MOUILLÉE ?

Pourquoi l'eau est-elle mouillée ? Cette question paraît bizarre. Mais la réponse l'est encore plus : l'eau est mouillée parce qu'elle est collante.

Si vous mettez un doigt dans un bol de mercure (un métal liquide), il n'en ressort pas mouillé du tout; le mercure n'y adhère pas. Faites la même chose dans un bol d'eau et votre doigt ressort couvert d'eau. C'est la tension de surface qui fait coller l'eau.

Les molécules d'eau ne collent pas seulement les unes aux autres, elles collent à tout ce qu'elles touchent. Vous pouvez les voir s'accrocher aux parois du verre.

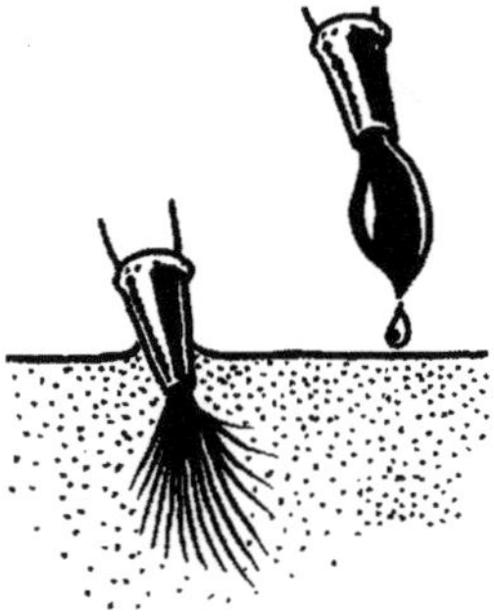

Lorsque vous trempez un pinceau dans l'eau, les poils s'ébouriffent. Mais, quand vous le sortez de l'eau, la tension de surface les rapproche et les fait coller les uns aux autres.

Si vous touchez la surface de l'eau, elle monte et entoure la pointe de votre doigt.

C'est la raison pour laquelle nous utilisons de l'eau pour laver. Elle s'accroche à toutes les particules de saleté sur notre peau et nous aide à les déloger.

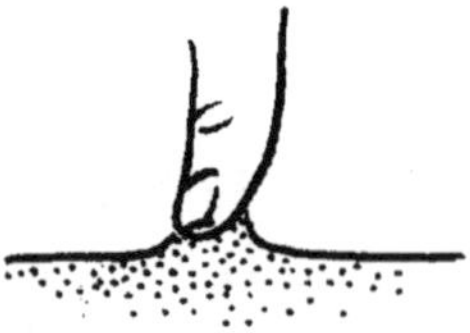

Voici un tour de magie qui utilise l'eau comme de la colle…

Tour de Magie

Sens dessus dessous

L'EFFET

Le magicien ou la magicienne peut faire passer de la poudre à travers la main de quelqu'un.

VOUS AVEZ BESOIN DE...

- De la cannelle, de la muscade, du curcuma ou du poivre finement moulus. C'est la poudre magique.

PRÉPARATION SECRÈTE

Déposez un petit tas de poudre devant vous.

DÉROULEMENT

Choisissez une victime dans le public. Demandez-lui de vous montrer ses mains pour que vous puissiez vérifier leur propreté.

Premier détournement d'attention : vous ne vous intéressez pas vraiment à la propreté de ses mains. Quand il ou elle a les mains en l'air, léchez discrètement votre pouce droit et trempez-le dans le tas de poudre. Un peu de poudre se collera au bout de votre pouce.

Regardez le dos de ses mains, puis les paumes. La victime finit avec les paumes vers le haut. Vous les retournez encore une fois et lui demandez de serrer les poings car vous allez maintenant essayer de lui salir les mains de l'extérieur.

Deuxième détournement d'attention : c'est déjà fait ! Lorsque vous retournez sa main, votre pouce droit touche le milieu de sa main gauche et y dépose un peu de poudre, comme le montrent les dessins ci-dessous.

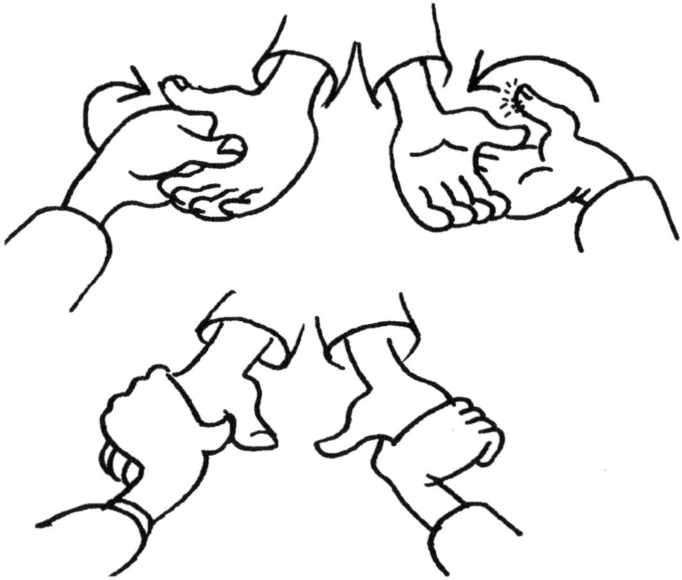

Choisissez la main gauche de votre victime. Prenez une petite pincée de poudre et mettez-la sur le dos de sa main. Dites : « Voilà, je dépose un peu de poudre sur le dos de votre main; si je frotte maintenant très fort, je peux lui faire traverser jusqu'à la paume. Gardez le poing bien serré pour que je ne puisse pas tricher. »

Frottez la poudre sur le dos de sa main puis demandez-lui de l'ouvrir. Voilà la poudre !

QUE S'EST-IL PASSÉ ?

Le fait que l'eau colle a fait adhérer la poudre à votre main puis à celle de votre victime.

Tour de Magie

Les dés inséparables

L'EFFET

Quelqu'un peut-il faire rouler deux dés ensemble le long d'une pente ? Seul(e) un(e) magicien(ne) a des pouvoirs suffisants.

VOUS AVEZ BESOIN DE...

- Deux dés propres et de la même taille
- Une surface inclinée, comme un livre, une planche, etc.

DÉROULEMENT

Demandez si quelqu'un peut faire rouler les dés le long d'une pente en faisant en sorte qu'ils restent collés. Cela semble impossible : les dés s'écartent toujours l'un de l'autre.

Une fois que tout le monde a essayé, parlez aux dés et aidez-les à devenir amis. Allez-y : prenez-les, mettez-les près de votre bouche et chuchotez à leurs oreilles. Quand ils sont vraiment très proches, léchez discrètement une de leurs faces. Il suffit de les toucher.

Mettez-les maintenant ensemble. Le peu de salive suffira à les coller ensemble pendant qu'ils rouleront le long de la pente.

Tour de Magie

Sans les mains !

L'EFFET

Ramasser un bout de papier n'est pas difficile – sauf quand on a un verre d'eau dans chaque main ! Un(e) magicien(ne) y parvient sans difficulté.

VOUS AVEZ BESOIN DE...

- Deux verres d'eau remplis à ras bord
- Deux morceaux de papier de la taille d'une carte postale
- Au moins deux surfaces sèches sur lesquelles faire le tour

DÉROULEMENT

Faites appel à un(e) volontaire – n'importe qui pensant pouvoir attraper un bout de papier sans trop de mal. Quand votre volontaire se lèvera, mettez un bout de papier sur une surface sèche et demandez-lui de le prendre. « Oh, juste une chose… pour ne pas que vous vous déshydratiez, voici deux verres d'eau. »

Donnez-lui les deux verres remplis d'eau, un dans chaque main. Puis dites : « Merci de ne pas renverser d'eau… »

Avec quelques efforts – et après avoir renversé un peu d'eau –, il ou elle y parviendra. Remerciez cette personne puis montrez-lui la méthode facile avec l'autre bout de papier, que vous aurez posé sur l'autre surface (sèche). Trempez le fond du verre dans l'eau qui a été renversée puis posez-le sur le papier. Le bout de papier va se coller au verre.

Attention : si le deuxième bout de papier est mouillé trop tôt, il va adhérer à la table et vous ne pourrez pas le soulever.

Tour de Magie

Le juste milieu

Le prochain tour de magie joue avec la surface bizarrement ondulée de l'eau.

L'EFFET

Si l'on met un bouchon dans un verre, il se colle à la paroi et y reste. Seul(e) un(e) magicien(ne) sait comment le faire flotter au milieu – l'augmenter !

VOUS AVEZ BESOIN DE…

- Un verre
- Une carafe d'eau
- Un bouchon
- Quelques pièces de monnaie

DÉROULEMENT

Remplissez le verre presque jusqu'en haut. Demandez à un(e) volontaire d'essayer de faire flotter le bouchon au milieu. Quel que soit le soin avec lequel il ou elle déposera le bouchon dans l'eau, ce dernier semblera mystérieusement attiré par les parois.

Dites à votre public que le bouchon boude parce qu'il n'est pas assez bien payé. Il faut augmenter son salaire pour qu'il flotte au milieu.

Déposez doucement des pièces de monnaie dans le verre, comme dans le tour Toujours Plus Haut (voyez page 148). Quand vous l'aurez suffisamment augmenté (c'est-à-dire quand le niveau de l'eau se sera élevé au-dessus des bords du verre), le bouchon flottera au milieu.

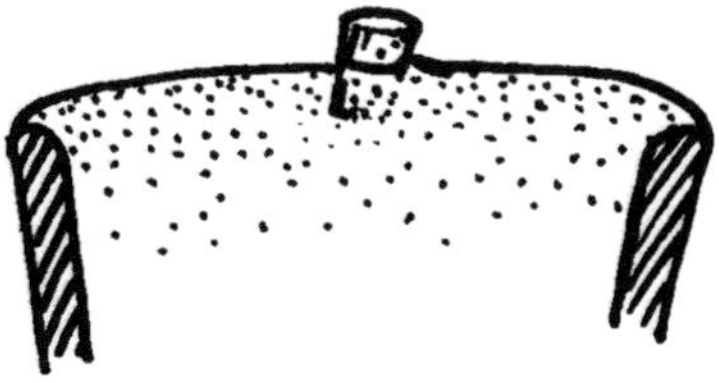

QUE S'EST-IL PASSÉ ?

Ce qui est bizarre dans cette expérience, c'est que, dans le premier cas, le bouchon doit *monter* pour atteindre le bord. Quand le niveau de l'eau s'élève au-dessus des bords du verre, le bouchon semble *monter* pour atteindre le milieu.

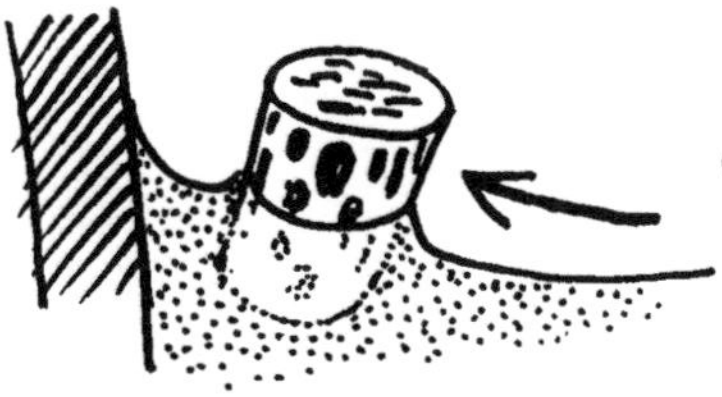

Ouah ! Ne prenons-nous pas les choses à l'envers ? Le bouchon flotte au-dessus, non ? Eh bien le haut – le point le plus haut – se trouve sur le côté du verre quand il n'est pas plein…

… et au milieu quand le verre est près de déborder.

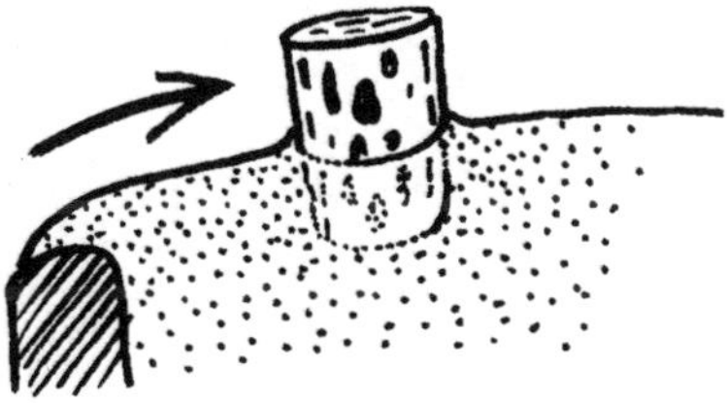

Cela explique le comportement étrange des céréales de votre petit-déjeuner : aviez-vous remarqué qu'elles se regroupaient dans votre bol ? La surface du lait n'est en fait pas lisse : c'est un paysage de collines et de vallées de ménisques; les céréales flottent en haut des ménisques.

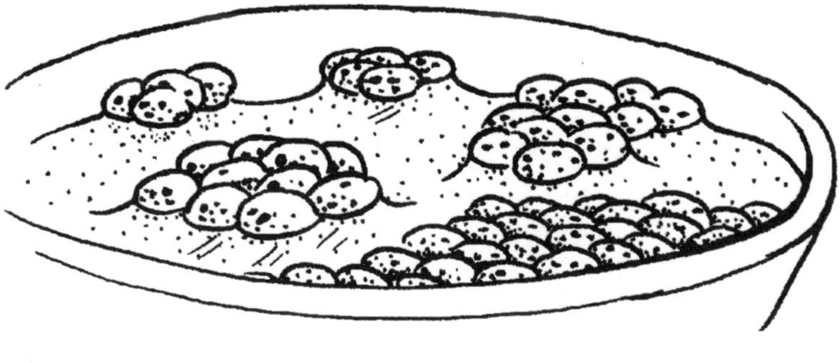

Tour de Magie

Aller à contre-courant

L'eau s'écoule vers le bas mais pouvez-vous la forcer à monter ? Mettez une éponge sèche dans une flaque d'eau et regardez l'eau monter. Elle se fraye un chemin vers le haut, à travers les petits trous de l'éponge.

C'est la même chose avec le papier. Trempez le coin d'un mouchoir en papier dans de l'eau et regardez jusqu'où elle monte.

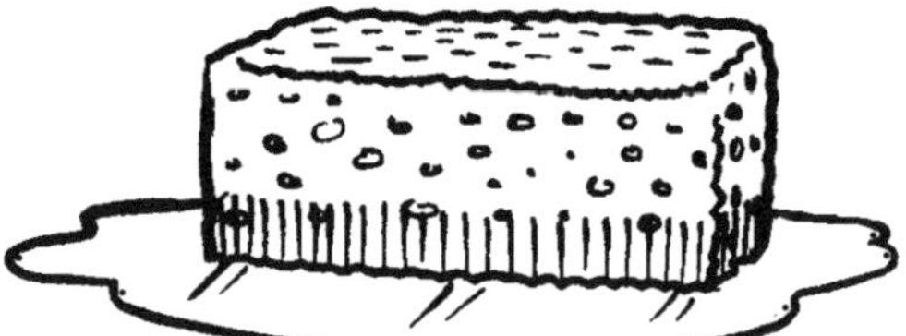

Le papier est constitué de nombreux petits fragments de bois séparés par de l'air. L'eau escalade à travers ces espaces.

C'est comme ça que la serviette absorbe l'eau sur votre peau quand vous sortez du bain : l'eau remonte à travers les espaces entre les fibres de coton. Cette capacité à monter est appelée **capillarité**.

LA CHROMATOGRAPHIE

Tant qu'à regarder de l'eau remonter le long d'un mouchoir, autant que ce soit en couleurs. Déchirez une bande de papier journal et dessinez des points de couleur dessus. Placez-les assez bas sur la bande mais pas tout à fait en bas.

Versez environ 4 centimètres d'eau dans un verre et laissez pendre la bande sur le bord en en faisant tremper environ 1 centimètre dans l'eau et en plaçant les points de couleur juste au-dessus de la surface. Laissez-la pendant une heure et vous découvrirez qu'un mélange de couleurs de l'arc-en-ciel est apparu au-dessus des marques de couleur.

L'eau est remontée le long du papier par capillarité. Quand elle a rencontré l'encre, elle l'a emportée avec elle.

Tour de Magie

L'arroseur de plantes qui permet de partir en vacances tranquille

Le phénomène de capillarité est utile dans des milliers de processus, parmi lesquels le flux sanguin dans vos plus petites veines (que l'on appelle, surprise, des **capillaires**), la montée de l'eau des racines d'une plante en direction de ses branches et la montée de la cire fondue le long de la mèche d'une bougie.

Voici une façon d'utiliser la capillarité pour fabriquer un appareil bon marché qui vous permettra de résoudre un gros problème : comment faire pour que les plantes ne manquent pas d'eau quand vous partez en vacances ?

Remplissez un verre d'eau et posez-le à côté de la plante que vous allez arroser, un peu au-dessus du pot.

Trempez un bout de ficelle et laissez-la pendre au-dessus du bord du verre de façon à ce que les gouttes tombent sur la plante. La ficelle gouttera pendant des jours.

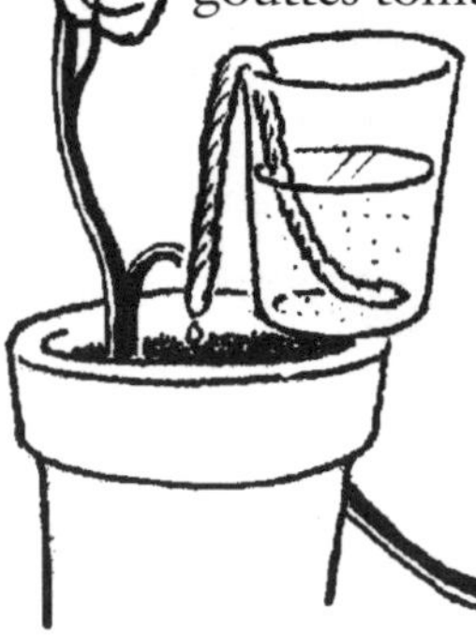

La capillarité fera remonter l'eau le long de la ficelle jusqu'au bord du verre puis l'eau tombera dans le pot.

LE BAIN LE PLUS CÉLÈBRE DE TOUS LES TEMPS

Il y a 2 000 ans, quelqu'un a pris un bain dont on parle encore aujourd'hui. Le Roi de Syracuse avait demandé à Archimède, le célèbre scientifique grec, de déterminer si sa toute nouvelle couronne était bien en or massif. Elle semblait trop légère. Est-ce que ceux qui l'avaient faite avaient triché en mélangeant un métal bon marché à l'or ?

Archimède trouva rapidement la réponse. L'or était le métal le plus lourd que l'on connaissait à l'époque. Si la couronne avait contenu n'importe quel autre métal, elle aurait été plus légère. Il suffisait donc de faire fondre la couronne du roi, lui donner la forme d'une petite brique, trouver un morceau d'or de la même taille et comparer leurs poids. Le seul inconvénient de sa méthode, c'était qu'il fallait fondre la magnifique couronne toute neuve et finement sculptée. Le roi n'aurait pas été d'accord.

Archimède devait trouver un moyen de contourner cet obstacle. Il y pensa toute la journée et il avait toujours le problème à l'esprit quand il se fit couler un bain le soir. Il était tellement préoccupé qu'il remplit sa baignoire à ras bord; quand il entra dans l'eau, il réfléchissait toujours. Naturellement, lorsqu'il entra dans l'eau, la baignoire déborda et l'eau se répandit sur le sol.

Que fit-il alors ? Dit-il : « Oh zut ! » ou « Où est la serpillière ? » Pas du tout. Il regarda le sol couvert d'eau et cria : « Fantastique ! Oui ! Super ! »

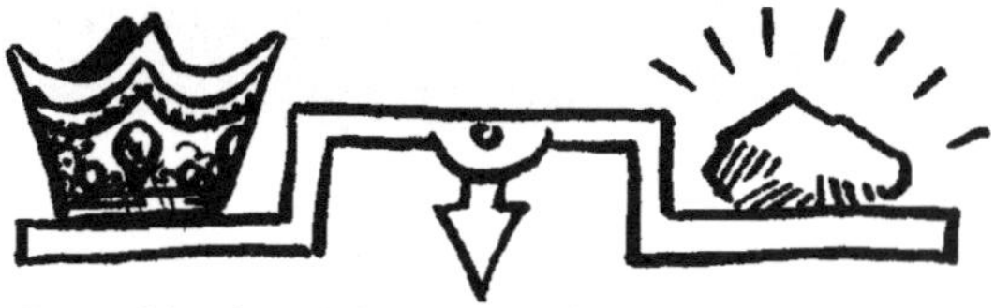

Puis il partit danser dans les rues, tout nu, en criant : « Eurêka ! Eurêka ! » (« J'ai trouvé ! » en grec). Ce qu'Archimède venait de comprendre, c'est que la quantité d'eau qui avait débordé de la baignoire, c'était exactement la quantité d'Archimède qui était rentrée dedans. S'il avait mis la couronne du roi dans la baignoire, le débordement aurait été égal à la quantité de métal de la couronne.

Tout ce qu'il avait à faire, c'est trouver un morceau d'or pesant le même poids que la couronne…

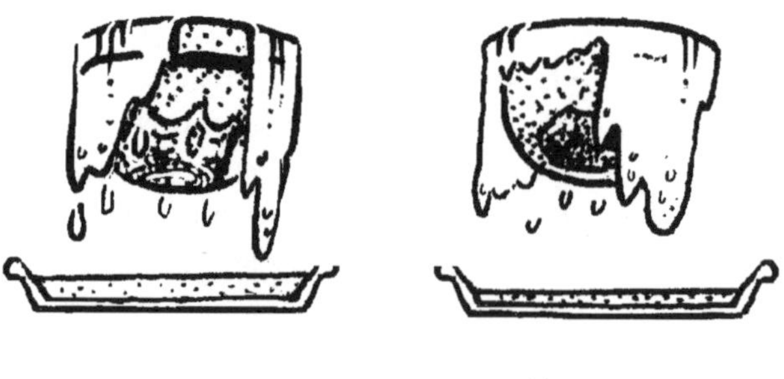

... et voir si les deux faisaient déborder autant d'eau.

Si c'était le cas, c'est qu'ils étaient tous les deux en or. Si le morceau d'or faisait déborder moins d'eau, c'est que la couronne était fausse.

La prochaine fois que vous renverserez de l'eau par terre en prenant votre bain, dites-vous que c'est pour aider le roi de Syracuse à qui l'on vient d'offrir un nouveau trône...

51594 - (IV) - (2) - OSB 90° - SCM - VCT

Achevé d'imprimer sur les presses de
Snel
Z.I. des Hauts-Sarts - Zone 3
Rue Fond des Fourches 21 – B-4041 Vottem (Herstal)
Tél +32(0)4 344 65 60 - Fax +32(0)4 286 99 61
Mars 2010 – 50338

Dépôt légal : mai 2008, suite du tirage : avril 2010

Imprimé en Belgique